“十三五”国家重点图书
2019年度国家出版基金资助项目

总顾问：李 坚 刘泽祥 胡景初
总策划：纪 亮 总主编：周京南

国家出版基金项目
NATIONAL PUBLICATION FOUNDATION

中国古典家具技艺全书

（第一批）

大成若缺 I

第七卷

（总三十卷）

主 编：蒋劲东 马海军 贾 刚

副主编：梅剑平 董 君 卢海华

中国林业出版社
·北京·

图书在版编目（CIP）数据

大成若缺 . I / 周京南总主编 . -- 北京 ：中国林业出版社，2020.5
（中国古典家具技艺全书 . 第一批）

ISBN 978-7-5219-0607-3

Ⅰ . ①大… Ⅱ . ①周… Ⅲ . ①家具－介绍－中国－古代 Ⅳ . ① TS666.202

中国版本图书馆 CIP 数据核字 (2020) 第 093863 号

责任编辑：樊 菲

出 版：中国林业出版社（100009 北京西城区德内大街刘海胡同 7 号）
印 刷：北京雅昌艺术印刷有限公司
发 行：中国林业出版社
电 话：010-8314 3518
版 次：2020 年 10 月 第 1 版
印 次：2020 年 10 月 第 1 次
开 本：889mm×1194mm，1/16
印 张：17.5
字 数：200 千字
图 片：约 600 幅
定 价：360.00 元

《中国古典家具技艺全书》
总编撰委员会

总 顾 问：李　坚　刘泽祥　胡景初

总 策 划：纪　亮

总 主 编：周京南

编委成员：

周京南　袁进东　刘　岸　梅剑平　蒋劲东

马海军　吴闻超　贾　刚　卢海华　董　君

方崇荣　李　峰　李　鹏　王景军　叶双陶

《中国古典家具技艺全书——大成若缺 I》

总主编：周京南

主　编：蒋劲东　马海军　贾　刚

副主编：梅剑平　董　君　卢海华

序 言

李 坚　中国工程院院士

讲到中国的古家具，可谓博大精深，灿若繁星。

从神秘庄严的商周青铜家具，到浪漫拙朴的秦汉大漆家具；从壮硕华美的大唐壹门结构，到精炼简雅的宋代框架结构；从秀丽俊逸的明式风格，到奢华繁复的清式风格，这一漫长而恢宏的演变过程，每一次改良，每一场突破，无不渗透着中国人的文化思想和审美观念，无不凝聚着中国人的汗水与智慧。

家具本是静物，却在中国人的手中活了起来。

木材，是中国古家具的主要材料。通过中国匠人的手，塑出家具的骨骼和形韵，更是其商品价值的重要载体。红木的珍稀世人多少知晓，紫檀、黄花梨、大红酸枝的尊贵和正统更是为人称道，若是再辅以金、骨、玉、瓷、珐琅、螺钿、宝石等珍贵的材料，其华美与金贵无须言表。

纹饰，是中国古家具的主要装饰。纹必有意，意必吉祥，这是中国传统工艺美术的一大特色。纹饰之于家具，不但起到点缀空间、构图美观的作用，还具有强化主题、烘托喜庆的功能。龙凤麒麟、喜鹊仙鹤、八仙八宝、梅兰竹菊，都寓意着美好和幸福，这些也是刻在中国人骨子里的信念和情结。

造型，是中国古家具的外化表现和功能诉求。流传下来的古家具实物在博物馆里，在藏家手中，在拍卖行里，向世人静静地展现着属于它那个时代的丰姿。即使是从未接触过古家具的人，大概也分得出桌椅几案，柜架床榻，这得益于中国家具的流传有序和中国人制器为用的传统。关于造型的研究更是理论深厚，体系众多，不一而足。

唯有技艺，是成就中国古家具的关键所在，当前并没有被系统地挖掘和梳理，尚处于失传和误传的边缘，显得格外落寞。技艺是连接匠人和器物的桥梁，刀削斧凿，木活生花，是熟练的手法，是自信的底气，也是"手随心驰，心从手思，心手相应"的炉火纯青之境界。但囿于中国传统各行各业间"以师带徒，口传心授"的传承方式的局限，家具匠人们的技艺并没有被完整的记录下来，没有翔实的资料，也无标准可依托，这使得中国古典家具技艺在当今社会环境中很难被传播和继承。

此时，由中国林业出版社策划、编辑和出版的《中国古典家具技艺全书》可以说是应运而生，责无旁贷。全套书共三十卷，分三批出版，并运用了当前最先进的技术手段，最生动的展现方式，对宋、明、清和现代中式的家具进行了一次系统的、全面的、大体量的收集和整理，通过对家具结构的拆解，家具部件的展示，家具工艺的挖掘，家具制作的考证，为世人揭开了古典家具技艺之美的面纱。图文资料的汇编、尺寸数据的测量、CAD和效果图的绘制以及对相关古籍的研究，以五年的时间铸就此套著作，匠人匠心，在家具和出版两个领域，都光芒四射。全书无疑是一次对古代家具文化的抢救性出版，是对古典家具行业"以师带徒，口传心授"的有益补充和锐意创新，为古典家具技艺的传承、弘扬和发展注入强劲鲜活的动力。

　　党的十八大以来，国家越发重视技艺，重视匠人，并鼓励"推动中华优秀传统文化创造性转化、创新性发展"，大力弘扬"精益求精的工匠精神"。《中国古典家具技艺全书》正是习近平总书记所强调的"坚定文化自信、把握时代脉搏、聆听时代声音、坚持与时代同步伐、以人民为中心、以精品奉献人民、用明德引领风尚"的具体体现和生动诠释。希望《中国古典家具技艺全书》能在全体作者、编辑和其他工作人员的严格把关下，成为家具文化的精品，成为世代流传的经典，不负重托，不辱使命。

2020 年 5 月

前　言

纪　亮　全书总策划

中国的古家具，有着悠久的历史。传说上古之时，神农氏发明了床，有虞氏时出现了俎。商周时代，出现了曲几、屏风、衣架。汉魏以前，家具形体一般较矮，属于低型家具。自南北朝开始，出现了垂足坐，于是凳、靠背椅等高足家具随之产生。隋唐五代时期，垂足坐的休憩方式逐渐普及，高低型家具并存。宋代以后，高型家具及垂足坐才完全代替了席地坐的生活方式。高型家具经过宋、元两朝的普及发展，到明代中期，已取得了很高的艺术成就，使家具艺术进入成熟阶段，形成了被誉为具有高度艺术成就的"明式家具"。清代家具，承明余绪，在造型特征上，骨架粗壮结实，方直造型多于明式曲线造型，题材生动且富于变化，装饰性强，整体大方而局部装饰细致入微。到了近现代，特别是近20年来，随着我国经济的发展，文化的繁荣，古典家具也随之迅猛发展。在家具风格上，现代古典家具在传承明清家具的基础上，又有了一定的发展，并形成了独具中国特色的现代中式家具，亦有学者称之为中式风格家具。

中国的古典家具，通过唐宋的积淀，明清的飞跃，现代的传承，成为"东方艺术的一颗明珠"。中国古典家具是我国传统造物文化的重要组成和载体，也深深影响着世界近现代的家具设计，国内外研究并出版的古典家具历史文化类、图录资料类的著作较多，而从古典家具技艺的角度出发，挖掘整理的著作少之又少。技艺——是古典家具的精髓，是原汁原味地保护发展我国古典家具的核心所在。为了更好地传承和弘扬我国古典家具文化，全面系统地介绍我国古典家具的制作技艺，提高国家文化软实力，提升民族自信，实现古典家具创造性转化、创新性发展，中国林业出版社聚集行业之力组建"中国古典家具技艺全书"编写工作组。技艺全书以制作技艺为线索，详细介绍了古典家具中的结构、造型、制作、解析、鉴赏等内容，全书共三十卷，分为榫卯构造、匠心营造、大成若缺、解析经典、美在久成这五个系列，并通过数字化手段搭建"中国古典家具技艺网"和"家具技艺APP"等。全书力求通过准确的测量、绘制、挖掘、梳理，向读者展示中国古典家具的结构美、造型美、雕刻美、装饰美、材质美。

《大成若缺》为全书的第三个系列，共分四卷。榫卯技艺和识图要领是制作古典家具的入门。大成若缺这部分内容按照坐具、承具、庋具、卧具、杂具等类别进行研究、测量、绘制、整理，最终形成了200余款源自宋、明、清和现代这几个时期的古典家具图录，内容分为器形点评、CAD图示、用材效果、结构解析、部件详解等详细的技艺内核。这些丰富而翔实的图录将为我们研究和制作古典家具提供重要的参考。本套书中不乏有宋代、明代的经典器形，亦有清代、现代的繁琐臃肿且部分悖谬器形，故以大成若缺命名。为了将古典家具器形结构全面而准确地呈现给读者，编写人员多次走访各地实地考察、实地测绘，大家不辞辛苦，力求全面。然而，中国古典家具文化源远流长、家具技艺博大精深，要想系统、全面地挖掘，科学、完善地测量，精准、细致地绘制，是很难的。加之编写人员较多、编写经验不足等因素导致测绘不精确、绘制有误差等现象时有出现，具体体现在尺寸标注不一致、不精准，器形绘制不流畅、不细腻，技艺挖掘不系统、不全面等问题，望广大读者批评和指正，我们将在未来的修订再版中予以更正。

最后，感谢国家新闻出版署将本项目列为"十三五"国家重点图书出版规划，感谢国家出版基金规划管理办公室对本项目的支持，感谢为全书的编撰而付出努力的每位匠人、专家、学者和绘图人员。

纪亮

2020 年 5 月

目 录

大成若缺 I（第七卷）

附录：图版索引

大成若缺 II（第八卷）

序　言

前　言

二、中国古典家具营造之承具

（一）承具概述

（二）古典家具营造之承具

附录：图版索引

目 录

大成若缺 III（第九卷）

大成若缺 IV（第十卷）

中国古典家具营造之坐具一

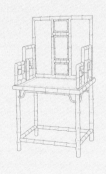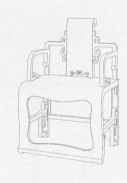

一、中国古典家具营造之坐具

（一）坐具概述

坐具包括凳类、墩类、椅类等。

1. 凳类

凳，最早并不是我们今天坐的凳子，而是专指上床用的登具，相当于脚踏（《释名》中释床帐曰，"榻登施于大床之前小榻之上，所以登床也。"），汉代以后它才逐渐演变为坐具。凳的造型形式有方、圆两种，凳面的心板也有许多花样，有瘿木的，有各种硬木的，还有藤屉的、大理石的。宋代凳子的使用比过去更为普遍，而且结构比例更加合理，造型、线条更加优美，品种也有所增加。除了圆凳、方凳、长凳、矮凳外，还出现了带托泥的凳子和四周开光的大圆墩。明清两代的凳子在形制上基本没有大的变化，而在做工、用料上有所不同。如果凳子的凳面较大，再加上扶手及靠背就形成了椅子。

1）圆凳

圆凳又称为圆杌，没有靠背。其做法与一般方凳相似，以带束腰的占大多数。圆凳做工一般都精巧，选用较好的木料制成，也有用杂木制作的，但并不普遍。圆凳的腿足有方足和圆足两种：方足的多做出内翻马蹄、罗锅枨或贴地托泥等式样，凳面、横枨等也都采用方边、方料。圆足的则以圆取势，边棱、枨柱、花牙等皆求圆润流畅。

古典圆凳，形制从魏晋时代的圆凳发展而来，造型日趋完美，到明末清

图 宋式黄花梨圆凳

图 明式黄花梨春凳

初形成几大形制：鼓形、三弯腿形、鼓腿彭牙形。圆凳的凳面有圆形、海棠形、梅花形等形状，材质有带天然花纹的云石、绘青花的瓷板、纹理瑰丽的瘿木板、藤编软屉等，多种多样的形材融合出多款造型款式。造型上带束腰的居多，有带托泥和不带托泥之分。

明代的圆凳体积大且腿足从上至下的弧度较大，造型略显敦实，三足、四足、五足甚至更多足的都有，一般有束腰。清代的圆凳较瘦高，无束腰圆凳都采用腿的顶端作枨，直接承托凳面的做法；有束腰圆凳则主要靠束腰和牙板承托凳面。

2）长凳

长凳是狭长无靠背坐具的统称，可分为条凳、春凳、小方凳等。

（1）条凳

条凳大小长短不一，是最常见的家具。①尺寸较小，面板厚寸许，多用柴木制的，通称"板凳"。②尺寸稍大，面板较厚的，或称"大条凳"，除供坐人外，兼可承物。③最为长大笨重，放在大门道里使用的被称为"门凳"。

（2）春凳

如果将条凳做得更精巧、轻便，就成了春凳，俗称"二人凳"，可供二人坐用。凳面一般以名贵木料攒框装板制成。春凳除了可供两人坐外，亦可放在闺房、卧室里用来临时放置鞋袜衣物等，还可以把木盆放在上面，用来擦洗身子、换衣服等都非常方便。古代有些地区在女儿出嫁时，在春凳上置被褥，贴喜花请人抬着送进夫家当嫁妆家具。

3）交杌

交杌即腿足相交的杌凳，俗称"马扎"。"扎"或写作"劄"，其形制由古代胡床发展而来，又称交床。由于它体形小，无靠背，可折叠，因此携带和存放起来都比较方便，所以千百年来被人广泛使用。尤其是小型的交杌，更是居家常备之器，在户外活动中也经常使用。

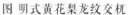

图 明式黄花梨龙纹交杌　　　　　　　　图 清式红木坐墩

　　明代的交杌，最简单的只用八根直材构成，杌面穿绳索或皮革条带。比较精细的则施雕刻，加金属饰件，用丝绒等编织杌面；有的还带踏床。也有的杌面用木棖造成，可以向上提拉折叠，它是交杌中的变体。

2．墩类

　　坐墩是一种无靠背的坐具。不仅用于室内，更常用于室外，故传世实物，有石质、瓷质、木质等多种材质。它又名"绣墩"，有时也称"鼓墩"，这是因为其上多覆盖锦绣一类织物作为坐垫，冬天使用时可以保暖，同时借以增其华丽。

　　坐墩具有古雅之趣，它在造型艺术上更是千姿百态。墩面的式样除圆形外，还有海棠形、梅花形、瓜棱形、椭圆形等。坐墩有开光和不开光之分，开光有五开光、六开光等。不少坐墩上下两头各做出一道弦纹，雕刻鼓钉，既简朴又美观。墩圈雕花精致，或海棠，或竹节，或藤蔓，栩栩如生，极富艺术感染力。墩面的材质也很讲究，除木板外，还有镶嵌瘿木、大理石、藤屉等材质的。坐墩的选材非常讲究，常用紫檀、黄花梨、红木（红酸枝）等名贵木材。另外，明清两代瓷墩的使用极为普通，有德化、醴陵、景德镇等地的产品。

3．椅类

　　椅子是有靠背的坐具，式样和大小，差别甚大。除形制特大、雕饰奢华、尊贵独特的应称为"宝座"外，其余均归入此类。明式椅子依其形制可分为靠背椅、扶手椅、圈椅、交椅。

1）靠背椅

所谓靠背椅，就是只有靠背没有扶手的椅子。靠背由一根搭脑、两侧两根立材和居中的靠背板构成。进一步区分，又依搭脑两端是否出头来定名。所见传世实物，在搭脑出头的靠背椅中，一种座面较窄、靠背较高、靠背板由木板造成的椅子是最常见的形式，北京匠师称它为"灯挂椅"；搭脑不出头的靠背椅，北京匠师称之为"一统碑椅"；而其中以直棖做靠背的，另有专门名称叫"木梳背椅"；靠背为屏式的称"屏背椅"。

（1）灯挂椅

灯挂椅是靠背椅的一种款式，其搭脑两端出头，因其造型好似南方挂在灶壁上用以承托油灯灯盏的竹质灯挂而得名。灯挂椅是明代最为普及的椅子样式。

明代灯挂椅的基本特点是：圆腿居多，搭脑向两侧挑出，整体简洁，只做局部装饰。一般在靠背板上施以简素的装饰，有的在靠背板上嵌一小块玉，或者嵌石、嵌木，或者雕一个简练的图案。座面下大都用牙板或券口予以装饰。四腿间的棖子有单棖有双棖，有的用"步步高"式（即前棖低，两侧棖次之，后棖最高），落地棖下一般都用牙板。两后腿有侧脚和收分。

（2）一统碑椅

椅背弯度小、搭脑不出头的靠背椅，形象有点像矗立的石牌，因而有"一统碑"之称。一统碑椅的制作和装饰特点与灯挂椅类似。

图 明式红木（红酸枝）灯挂椅

图 清式花梨木一统碑椅

图 清式黄花梨梳背椅　　　　　　　　图 清式老红木屏背椅

（3）梳背椅

梳背椅的椅背部分装有均匀排列的圆材直枨，造型似木梳，因而得名"梳背椅"。梳背椅按形制来分可分为两种：一种是靠背椅，一种是扶手椅。梳背椅无论是靠背椅还是扶手椅，其靠背内都装有垂直于座面的多根直枨。没有扶手的靠背椅若靠背内嵌有垂直于座面的直枨，则是一统碑梳背椅；扶手椅的靠背与扶手都嵌有垂直于座面的直枨，则是带扶手的梳背椅，如直枨围子玫瑰椅。

（4）屏背椅

屏背椅是靠背椅的一种，但独具特色。其特征是靠背为屏式，靠背板下端两侧有向前探出的站牙，缩进座面安装，整个靠背好似一座独立的座屏。屏背椅是清代的特有器型，而且唯独苏作中存在，京作、广作中都没有。屏背椅的靠背都采用攒框装板形式，上面或镂成瓶、碗等博古图案，或镂成桃、叶等什锦图案，在图案框内，嵌石片或瓷片。

2）扶手椅

扶手椅是指既有靠背又有扶手的椅子。形式有玫瑰椅和官帽椅。官帽椅又有四出头官帽椅和南官帽椅之分。

（1）玫瑰椅

玫瑰椅是汉族传统家具之一，其特点是靠背、扶手和椅面垂直相交，属于中国明式扶手椅中常见的形制。玫瑰椅在各种椅子中是较小的一种，用材单细，造型小巧美观，靠背搭脑位置相对较低，与两侧扶手间落差不大。多

图 明式黄花梨玫瑰椅

图 清式老红木太师椅

以黄花梨制成，其次是铁梨木，采用紫檀制作的较少。

（2）太师椅

太师椅，多见为清式太师椅，其造型特点是：体态宽大，靠背与扶手连成一片，形成三扇、五扇或多扇的屏式椅围。

（3）官帽椅

官帽椅分为南官帽椅和四出头式官帽椅两种。

图 明式鸡翅木南官帽椅

图 明式楠木四出头官帽椅

图 明式黄花梨圈椅　　　　　　　　图 明式鸡翅木圈椅

　　南官帽椅是明式家具的代表作之一，其代表特征是扶手和搭脑均为不出头而向下弯扣并采用直交的枨子。南官帽椅在椅背立柱和搭脑相接处做出软圆角，在立柱端头做出榫头，在搭脑两端做出榫眼，两端挖烟袋锅榫相接合。椅背有使用独板做成"S"形的，也有采用攒框装板做法的，其上多雕有图案，美观大方。

　　四出头官帽椅是一种搭脑和扶手都出头的扶手椅，因其造型像古代官员的帽子而得名。此种形式椅子的使用始于中国宋朝时期。所谓"四出头"，是指椅子的搭脑两端和左右扶手前端都出头。其标准的式样是靠背由两侧立柱与中间的靠背板组成，靠背板一般多是一块上部凹陷、下部凸起的弧形曲线构件，侧看呈"S"形，上与搭脑相连，下与座面相连。两侧扶手下各安一根联帮棍。

　　（4）圈椅

　　圈椅之名是因其圆靠背状如圈而得来。宋人称之为"栲栳样"。明《三才图会》则称之曰"圆椅"。"栲栳"，就是用柳条或竹篾编成的大圆筐。圈椅古名栲栳样乃因其形似而得名。它的靠背和扶手组成一段圆弧形椅圈，一顺而下，不像官帽椅似的有梯级式高低之分，所以坐在上面不仅肘部有所倚托，腋下一段臂膀也得到支承。据清嘉庆年间编印的《工部则例》，可知当时的圈椅造法和明式的没有多大差别。

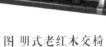

图 明式老红木交椅　　　　　　　　　　图 宋式黄花梨禅椅

（5）交椅

交椅，因其下身腿足呈交叉状，故得名。据文献及图像资料考证，交椅的原型为古代的马扎，也可以说是带靠背的马扎。在古代绘画作品中可以看到，交椅有时也作为一种随身携带的户外家具，在出行时使用。交椅有圆靠背和直靠背两种，尤以后者显示使用者身份尊贵，俗语中有"第一把交椅"的说法。

（6）禅椅

禅椅是一种十分特别的坐具，本是寺院内的用具，作为禅师们打坐用的特定坐具。其特点是座面较宽、较深，方便禅师屈腿盘坐在座面上。后来，随着禅宗文化的流行，禅椅进入世俗生活中，经过改造和完善，成为带有禅韵的日用坐具，气质高洁素雅。它的名字就显露出它的两种功用，一是参禅，

图 清式紫檀打洼云龙纹宝座

二是就坐。在中国古典家具中，把禅修和座椅联系在一起的，只此一种，别无其他。

4．宝座

宝座不是民间用具，只出现在宫廷、贵族府邸和部分寺院中。宋代绘画中就能看见宝座，存世实物为明清两代，现多存于故宫博物院。在宫殿陈设时，宝座两边还要放上香几和宫扇、香筒等，背后陈设屏风。

（二）古典家具营造之坐具

本节选取中国古典家具中的宋式、明式、清式、现代中式等坐具代表性款式，并从器形点评、CAD 图示、用材效果、结构解析、部件详解、雕刻图版等角度进行深度梳理、解读和研究，以形成珍贵而翔实的图文资料。

主要研究的器形如下：

（1）宋式家具：宋式四面平小方凳、宋式罗汉扶手椅等；（2）明式家具：明式五足圆凳、明式螭龙纹靠背椅等；（3）清式家具：清式四角攒边镶楠木杌凳、清式鼓腿彭牙方凳等。图示资料详见 P12～260。

说明：在坐具的测量和绘制过程中存在少量国标允许的误差。

坐具图版

宋式四面平小方凳

材质：黄花梨

丰款：宋代

外观效果图（图示1）

1. 器形点评

　　此款方凳的原型出自宋代刘松年所绘《宫女图》。方凳也称为方杌，它是一种无靠背的有足坐具，历史由来已久，在宋代有较大的发展。此款宋式四面平小方凳线条优美凝练，气质干净洒脱。方凳的大边、抹头和腿足上下呈平齐状。四腿为如意足，腿与大边抹头大圆角相交，弧线优美。此方凳将直线与曲线完美地融合在一起，是一件精心制作的器物。

―――――――――
注：全书计量单位为毫米（mm）。

2. CAD 图示

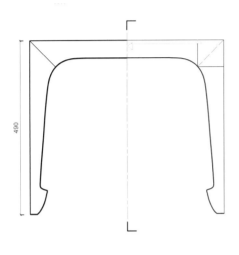

主视图

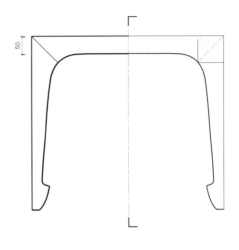

左视图

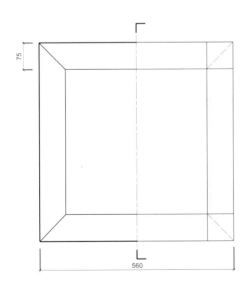

俯视图

宋

3. 用材效果

外观效果图（材质：黄花梨；图示5）

外观效果图（材质：紫檀；图示6）

外观效果图（材质：酸枝；图示7）

注：①黄花梨，指海南黄花梨；②紫檀，指小叶紫檀；③酸枝，指红酸枝。下同。

4. 结构解析

大边　　　　　　　　　　　　　　　　　座面
　　　　　　　　　　　　　　　　　　　抹头

　　　　　　　　　　　　　　　　　　　腿

如意足

宋

整体结构图（图示 8）

部件结构图（图示 9）

大成若缺

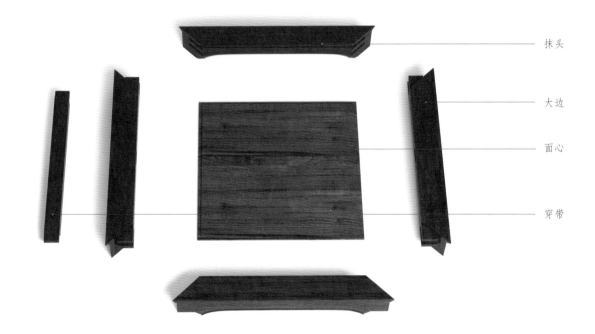

抹头

大边

面心

穿带

座面分解图（图示10）

16

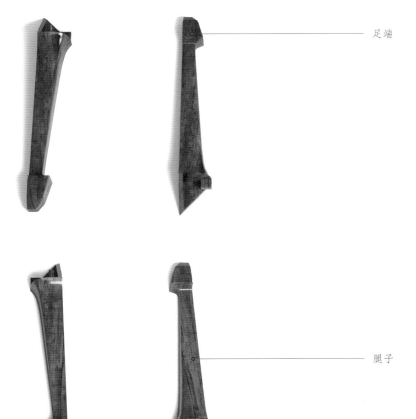

足端

腿子

宋

腿足分解图（图示 11）

宋式罗汉扶手椅

材质：黄花梨

丰款：宋代

外观效果图（图示1）

1. 器形点评

此款扶手椅的原型出自宋代刘松年所绘《罗汉图》，该椅为框架结构，方正平直。椅子座面采用攒框装板结构，四边下设勾云纹角牙，前两腿之间安一根宽硕的管脚枨，枨上又加一横枨，两枨之间镶绦环板，开云头形透光。管脚枨下又置一直牙板，两端牙头回勾。两侧与后侧腿间安靠近座面的横枨，起加固作用。此椅端庄秀气，装饰恰到好处。

2. CAD 图示

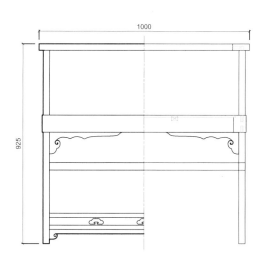

主视图

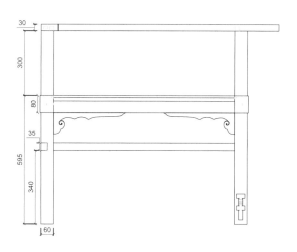

左视图

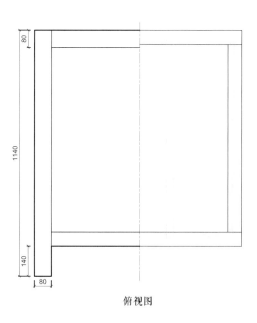

俯视图

3. 用材效果

外观效果图（材质：黄花梨；图示 5）

外观效果图（材质：紫檀；图示 6）　　　　外观效果图（材质：酸枝；图示 7）

4. 结构解析

搭脑
扶手
座面
角牙
帐子
透光
牙板
绦环板

整体结构图（图示 8）

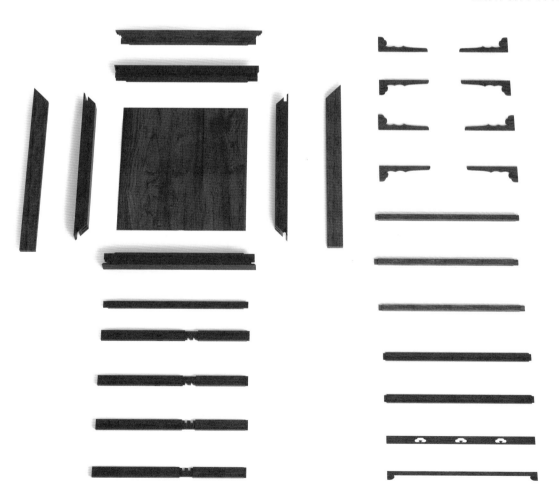

部件结构图（图示 9）

宋
代

5. 部件详解

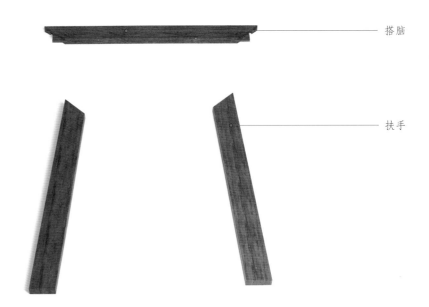

———— 搭脑

———— 扶手

扶手与搭脑分解图（图示 10）

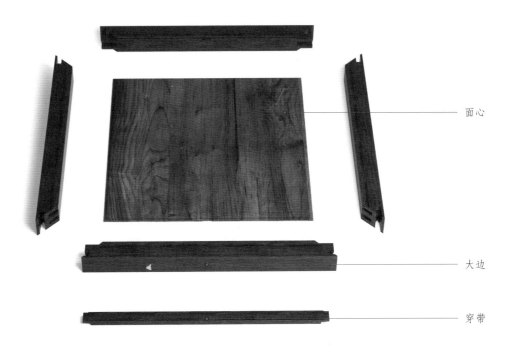

———— 面心

———— 大边

———— 穿带

座面分解图（图示 11）

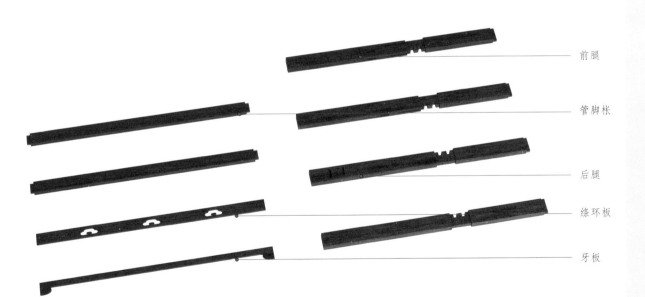

角牙

枨子

角牙与枨子分解图（图示 12）

宋

前腿

管脚枨

后腿

绦环板

牙板

腿足与其他分解图（图示 13）

宋式藤屉禅椅

材质：黄花梨

丰款：宋代

外观效果图（图示1）

1. 器形点评

此款禅椅的原型出自宋代刘松年所绘《山馆读书图》。此禅椅整体宽大，四腿一木连做而成，座面采用藤屉攒边结构，座面下设穿带以增强框架的牢固性和稳定性。此椅整体简洁大方，俊秀疏朗，座面宽深，就坐时可以盘腿于座面上。

2. CAD 图示

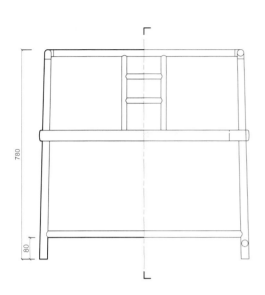

主视图

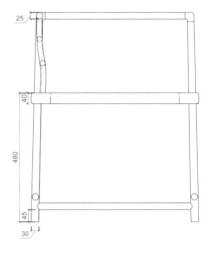

左视图

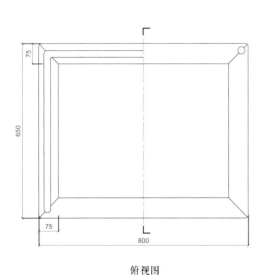

俯视图

CAD 结构图（图示 2 ～ 4）

3. 用材效果

外观效果图（材质：黄花梨；图示 5）

外观效果图（材质：紫檀；图示 6）

外观效果图（材质：酸枝；图示 7）

4. 结构解析

扶手 ——————

鹅脖 ——————

—————— 搭脑
—————— 靠背立柱
—————— 靠背横枨
—————— 藤屉

—————— 管脚枨

整体结构图（图示 8）

宋

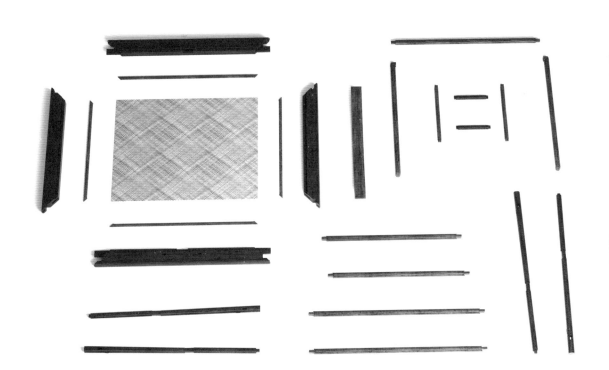

部件结构图（图示 9）

5. 部件详解

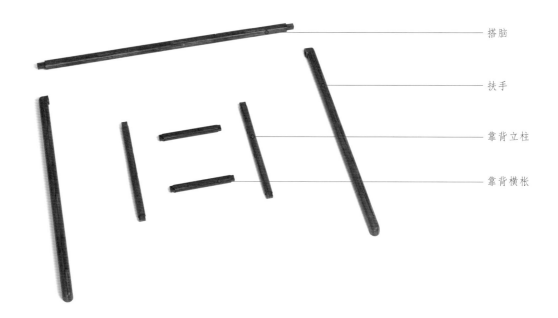

搭脑

扶手

靠背立柱

靠背横枨

靠背与扶手分解图（图示 10）

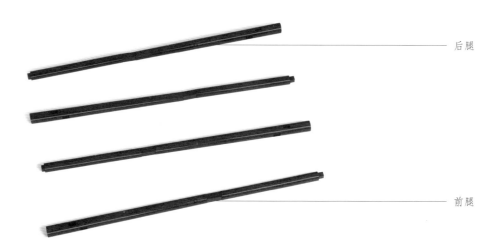

后腿

前腿

腿足分解图（图示 11）

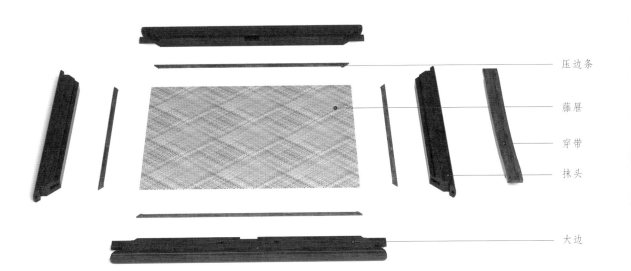

压边条

藤屉

穿带

抹头

大边

座面分解图（图示 12）

宋

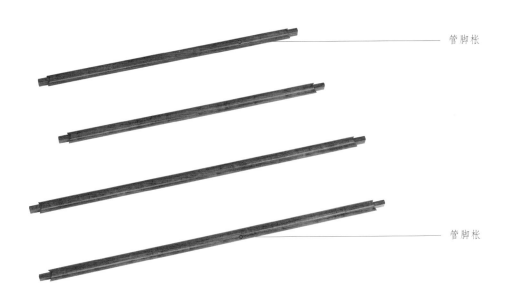

管脚枨

管脚枨

管脚枨分解图（图示 13）

明式五足圆凳

材质：黄花梨

年款：明代

外观效果图（图示1）

1. 器形点评

此凳凳面呈正圆形，凳面下有束腰，鼓腿彭牙，腿子起边线，与牙板交圈。内翻马蹄足，足下连接环形托泥，托泥下有龟足。此凳全身光素，但线条柔婉，整体显得圆润可爱。

2. CAD 图示

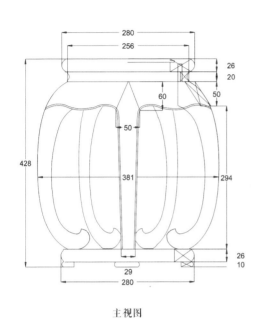

主视图

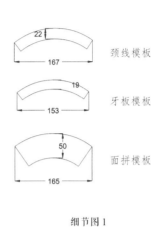

颈线模板

牙板模板

面拼模板

细节图 1

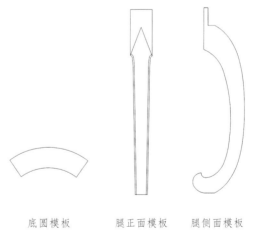

俯视图

底圆模板　　腿正面模板　　腿侧面模板

细节图 2

明

3. 用材效果

外观效果图（材质：黄花梨；图示 6）

外观效果图（材质：紫檀；图示 7）

外观效果图（材质：酸枝；图示 8）

4. 结构解析

座面
束腰
牙板
托泥
龟足

整体结构图（图示 9）

明

束腰
龟足

主视图

上围板
牙板
鼓腿
托泥

左视图

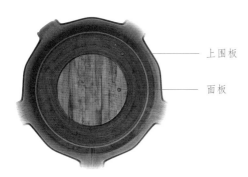

上围板
面板

俯视图

三视结构图（图示 10 ~ 12）

明式螭龙纹靠背椅

材质：黄花梨

手款：明代

外观效果图（图示1）

1. 器形点评

此椅搭脑凸起，靠背板为两弯弧形，上有如意云头开光，开光内雕团螭龙纹。座面下有罗锅枨，高高拱起，直抵座面。四腿为圆柱形，四腿下端安有管脚枨。此椅造型朴实，大方简练，线条圆润，尽显材质的自然美。

2. CAD 图示

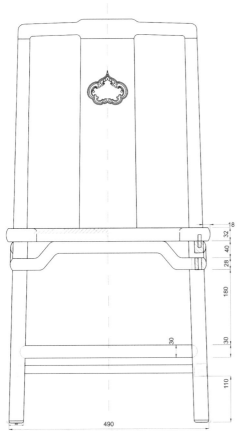

主视图

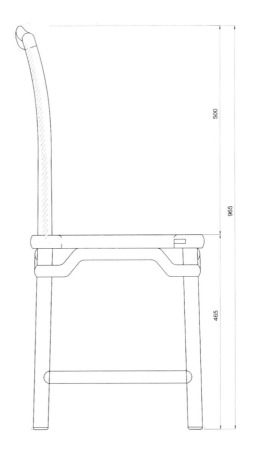

左视图

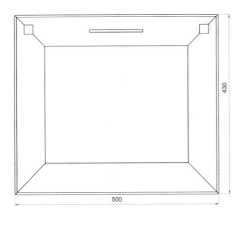

剖视图

明

3. 用材效果

外观效果图（材质：黄花梨；图示 5）

外观效果图（材质：紫檀；图示 6）

外观效果图（材质：酸枝；图示 7）

4. 结构解析

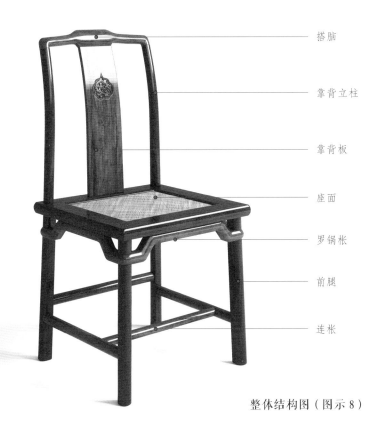

搭脑

靠背立柱

靠背板

座面

罗锅枨

前腿

连枨

明

整体结构图（图示 8）

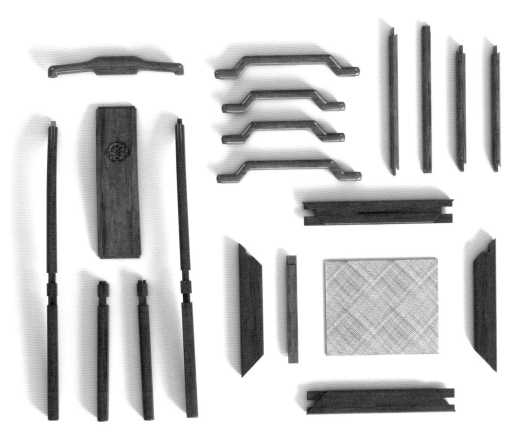

部件结构图（图示 9）

5. 部件详解

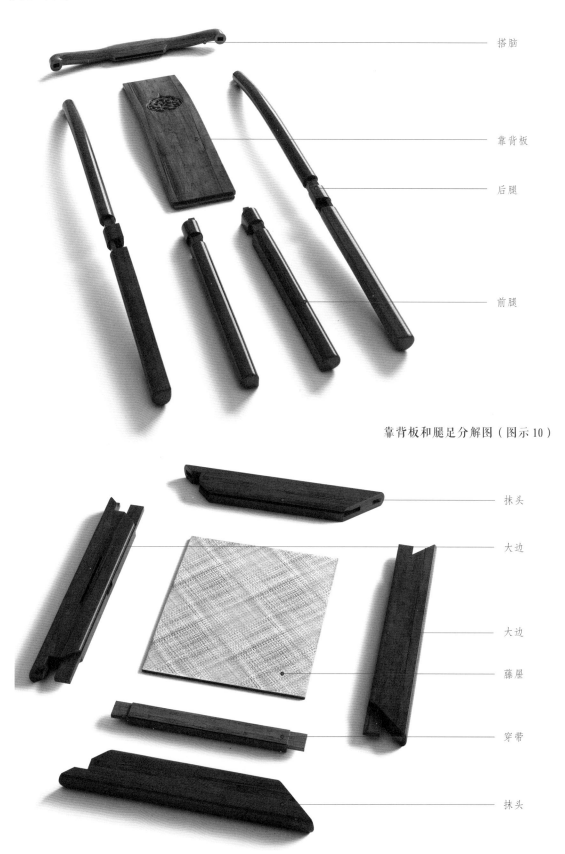

搭脑

靠背板

后腿

前腿

靠背板和腿足分解图（图示10）

抹头

大边

大边

藤屉

穿带

抹头

座面分解图（图示11）

38

管脚枨（侧）

管脚枨（后）

连枨

明

管脚枨分解图（图示 12）

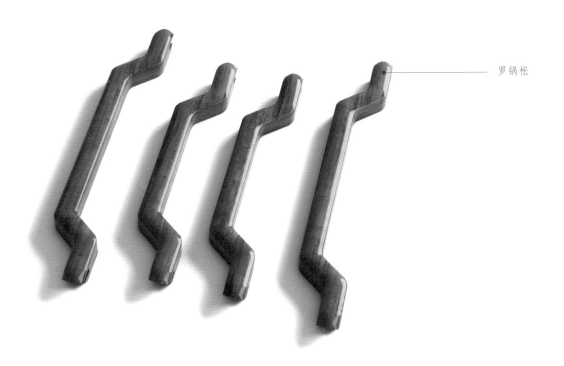

罗锅枨

罗锅枨分解图（图示 13）

明式空灵靠背椅

材质：黄花梨

丰款：明代

外观效果图（图示1）

1. 器形点评

此椅比灯挂椅稍宽，接近"一统碑"式的靠背椅。直搭脑，靠背板上开正圆形透光，下开海棠形透光，中部镶嵌长方形的瘿木板。由于它比一般的灯挂椅宽，后腿和靠背板之间出现了较大的空间，四腿间安"步步高"赶枨，前枨下又置一直牙板。座面下四面不用常见的券口牙子或罗锅枨加矮老的做法，而只安装八根有三道弯的角牙，显得通透空灵。

2. CAD 图示

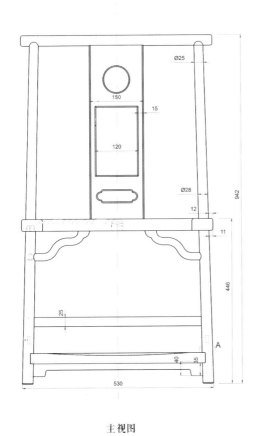

主视图

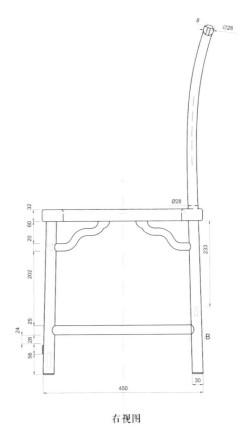

右视图

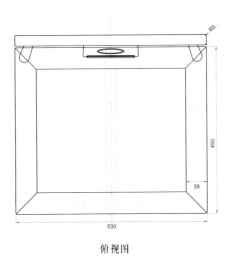

俯视图

明

CAD 结构图（图示 2 ~ 4）

3. 用材效果

外观效果图（材质：黄花梨；图示 5）

外观效果图（材质：紫檀；图示 6）

外观效果图（材质：酸枝；图示 7）

4. 结构解析

搭脑

圆形透光

靠背板

海棠形透光

座面

角牙

步步高赶枨

直牙板

后腿

前腿

明

整体结构图（图示 8）

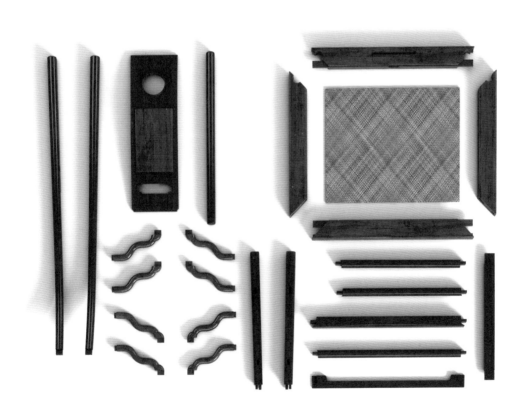

部件结构图（图示 9）

5. 部件详解

搭脑

靠背板

靠背镶板

靠背与搭脑分解图（图示 10）

前腿

后腿

腿足分解图（图示 11）

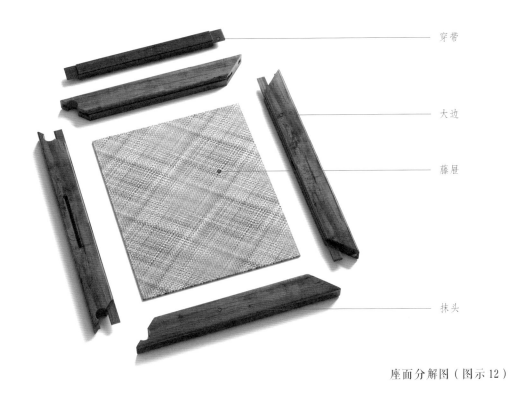

穿带

大边

藤屉

抹头

座面分解图（图示 12）

明

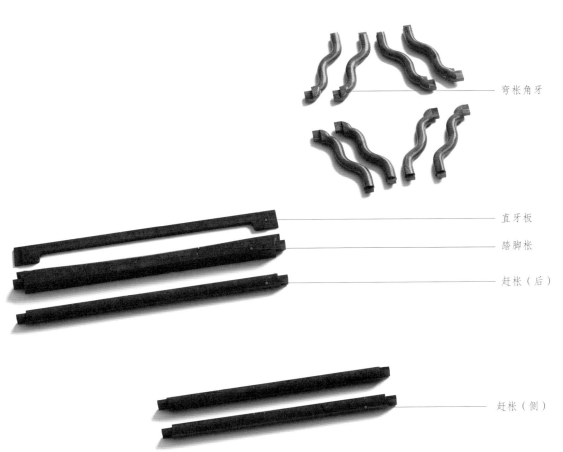

弯枨角牙

直牙板

踏脚枨

赶枨（后）

赶枨（侧）

角牙和枨子分解图（图示 13）

明式圈口靠背玫瑰椅

材质：黄花梨

年款：明代

外观效果图（图示1）

1. 器形点评

　　玫瑰椅是明式家具中常见的器型。此椅用材精细，造型小巧美观。椅围三屏式，靠背与扶手均打槽装板，中心透光，形成四面圈口牙子。座面下及腿间步步高赶枨下均安装罗锅枨。椅子的座面采用藤条编织而成，其下安装穿带以增强椅子的稳定性和牢固性。

2. CAD 图示

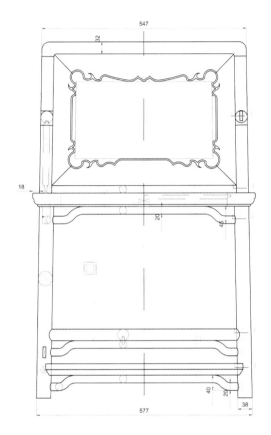

主视图

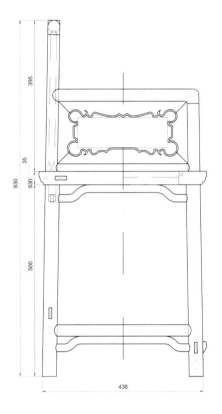

左视图

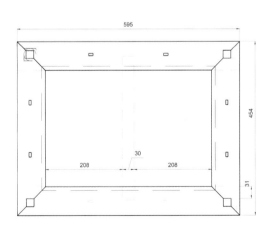

剖视图

明

3. 用材效果

外观效果图（材质：黄花梨；图示 5）

外观效果图（材质：紫檀；图示 6）

外观效果图（材质：酸枝；图示 7）

4. 结构解析

靠背立柱 —————

前腿 —————

踏脚枨 —————

————— 搭脑
————— 靠背圈口
————— 扶手
————— 扶手圈口
————— 藤屉
————— 罗锅枨

————— 步步高赶枨
————— 罗锅枨

整体结构图（图示 8）

明

部件结构图（图示 9）

5. 部件详解

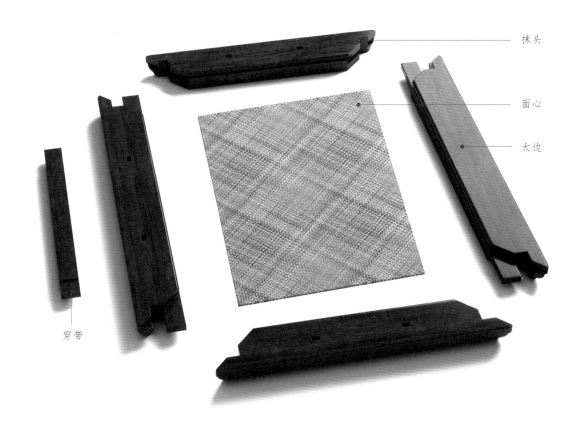

抹头

面心

大边

穿带

座面分解图（图示10）

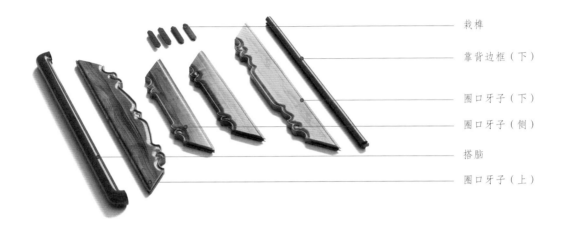

栽榫

靠背边框（下）

圈口牙子（下）

圈口牙子（侧）

搭脑

圈口牙子（上）

靠背分解图（图示11）

明

后腿

前腿

腿足分解图（图示12）

圈口牙子（上）

栽榫

扶手边框（下）

圈口牙子（下）
圈口牙子（侧）
扶手边框（上）

左扶手分解图（图示 13）

扶手边框（上）

扶手边框（下）

栽榫

圈口牙子（侧）

右扶手分解图（图示 14）

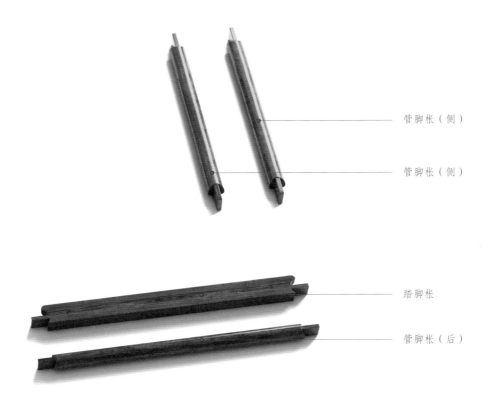

管脚枨（侧）

管脚枨（侧）

踏脚枨

管脚枨（后）

管脚枨分解图（图示 15）

明

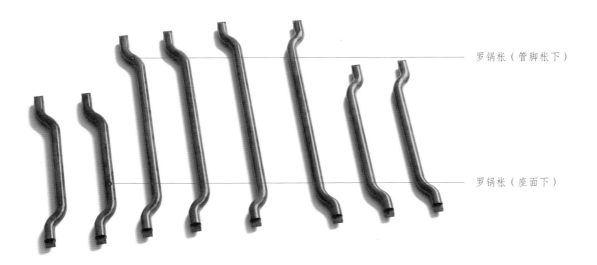

罗锅枨（管脚枨下）

罗锅枨（座面下）

罗锅枨分解图（图示 16）

明式卷草纹玫瑰椅三件套

材质：黄花梨

年款：明代

外观效果图（图示1）

1. 器形点评

    此三件套由一对玫瑰椅和方几组成。椅背透空，无靠背板，扶手和搭脑下都装有横枨和矮老。椅腿外挓，腿间装有壶门券口牙子和管脚枨，壶门牙子上雕有卷草纹。两椅间夹一形制相同的方几。几面方正，边沿喷出较多。四腿中间连以横枨，其间装屉板。

2. CAD 图示

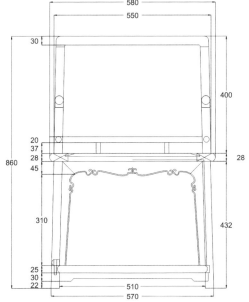

椅－主视图

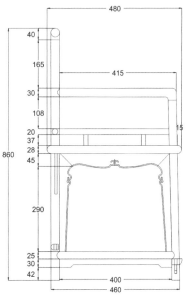

椅－左视图

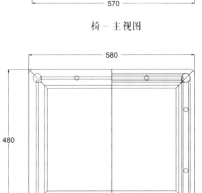

椅－俯视图

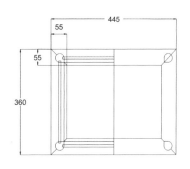

几－俯视图

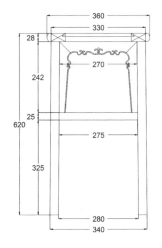

几－主视图

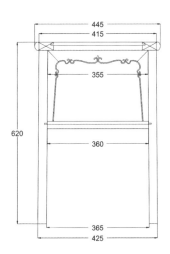

几－左视图

CAD 结构图（图示 2 ~ 7）

3. 用材效果

外观效果图（材质：黄花梨；图示8）

外观效果图（材质：紫檀；图示9）

外观效果图（材质：酸枝；图示10）

4.结构解析

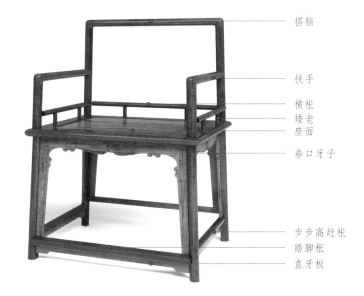

搭脑

扶手

横枨
矮老
座面

券口牙子

步步高赶枨
踏脚枨
直牙板

整体结构图（图示11）

明

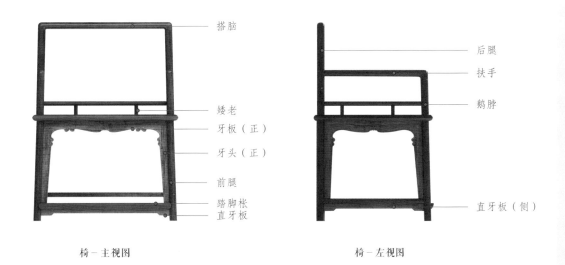

搭脑

矮老
牙板（正）

牙头（正）

前腿

踏脚枨
直牙板

椅－主视图

后腿
扶手

鹅脖

直牙板（侧）

椅－左视图

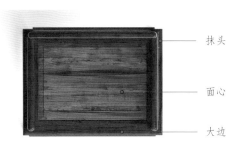

抹头

面心

大边

椅－俯视图

三视结构图（图示12～14）

大成若缺

几面

券口牙子

屉板

整体结构图（图示15）

壶门牙板（正）

牙头（正）

横枨（正）

腿子

壶门牙板（侧）

牙头（侧）

横枨（侧）

几－主视图

几－左视图

抹头

面心

大边

几－俯视图

三视结构图（图示 16 ～ 18）

5. 雕刻图版

※ 明式卷草纹玫瑰椅三件套雕刻技艺图

序号	名称	雕刻技艺图	应用部位
1	卷草纹	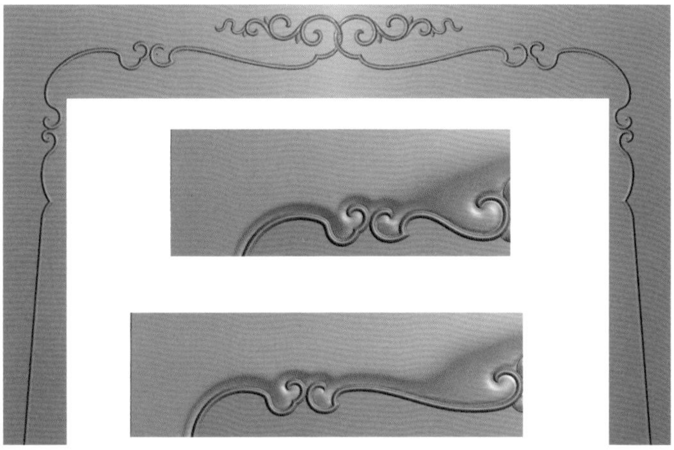	券口牙子（椅）
2	卷草纹		券口牙子（几）

雕刻技艺图（图示 19 ~ 22）

明

明式藤屉南官帽椅

材质：黄花梨

年款：明代

外观效果图（图示1）

1. 器形点评

此椅通体采用圆材制成，靠背板、扶手、鹅脖、联帮棍的线条均为弧形，特别是联帮棍上细下粗，呈夸张的"S"形，给全器增添了活泼之态。座面下安装罗锅枨和矮老，与前面和两侧腿间双枨相互呼应。此椅造型凝重，用材简洁，做工精湛，为古典家具中的精品。

2. CAD 图示

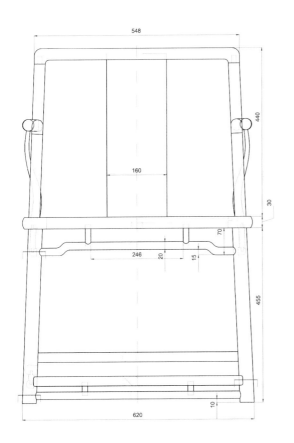

主视图

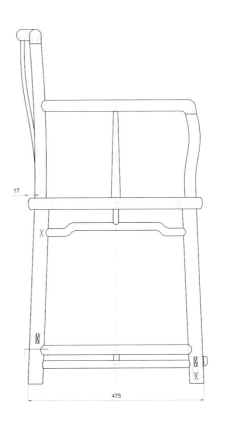

左视图

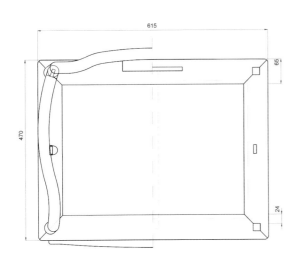

俯视图

明

CAD 结构图（图示 2～4）

3. 用材效果

外观效果图（材质：黄花梨；图示 5）

外观效果图（材质：紫檀；图示 6）

外观效果图（材质：酸枝；图示 7）

4. 结构解析

搭脑
靠背板
靠背立柱
联帮棍
座面
矮老
罗锅枨
前腿
步步高赶枨
矮老
底枨

整体结构图（图示8）

明

部件结构图（图示9）

大
成
若
缺

搭脑

扶手

联帮棍

靠背板

靠背和扶手分解图（图示 10）

抹头

大边

藤屉

穿带

座面分解图（图示 11）

明

前腿

后腿

腿子分解图（图示 12）

大成若缺

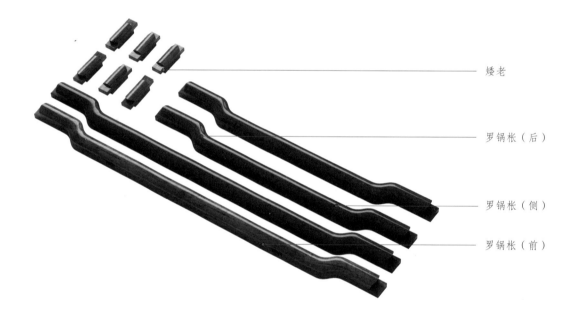

矮老

罗锅枨（后）

罗锅枨（侧）

罗锅枨（前）

罗锅枨和矮老分解图（图示 13）

66

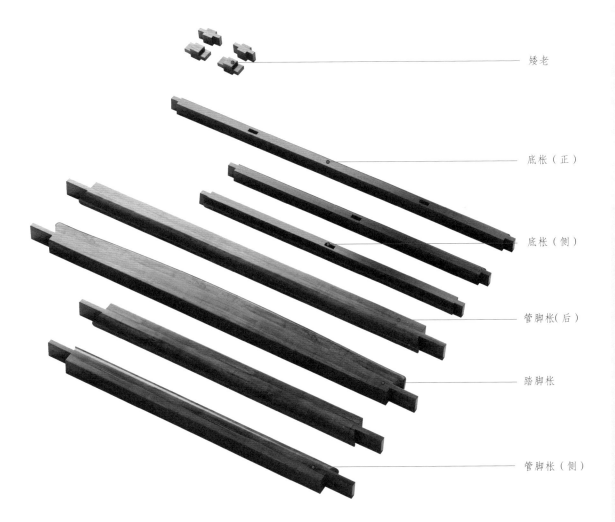

矮老

底枨（正）

底枨（侧）

管脚枨（后）

踏脚枨

管脚枨（侧）

明

管脚枨和其他分解图（图示 14）

明式静心南官帽椅

材质：黄花梨

年款：明代

外观效果图（图示1）

1. 器形点评

　　此椅造型方正，端庄大气。椅背微微后弯，靠背板分两段打槽装板，上段有一如意云头透光。扶手与靠背立柱相连，扶手下装有联帮棍。椅腿外挓，腿间装有券口牙子，四腿间置步步高赶枨，前、左、右侧枨下又均置直牙板。此椅整体风格简洁明快，意趣拙朴。

2. CAD 图示

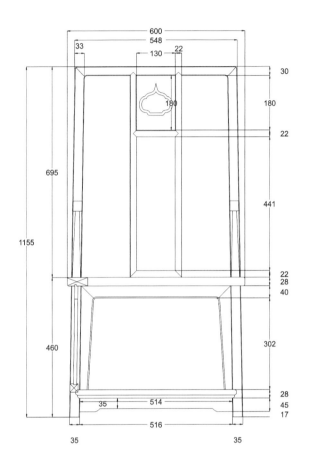

主视图

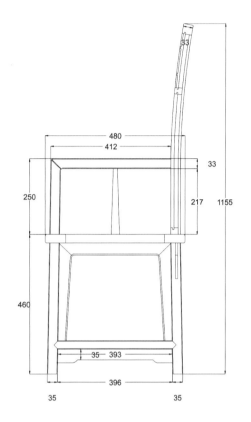

右视图

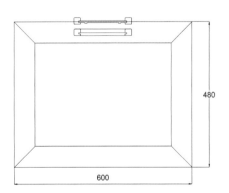

俯视图

CAD 结构图（图示 2 ~ 4）

注：俯视图中略去扶手和靠背。

3. 用材效果

外观效果图（材质：黄花梨；图示5）

外观效果图（材质：紫檀；图示6）

外观效果图（材质：酸枝；图示7）

4.结构解析

搭脑

靠背板

靠背立柱

扶手

联帮棍

座面

券口牙子（侧）

券口牙子（正）

步步高赶枨

直牙板（侧）

踏脚枨

直牙板（正）

整体结构图（图示 8）

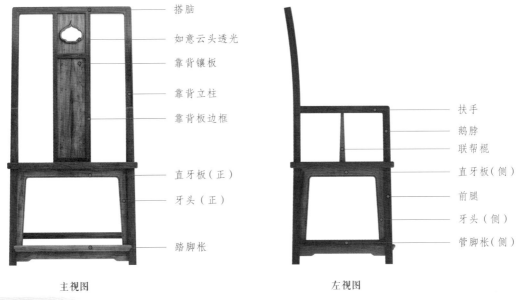

搭脑

如意云头透光

靠背镶板

靠背立柱

靠背板边框

直牙板（正）

牙头（正）

踏脚枨

主视图

扶手

鹅脖

联帮棍

直牙板（侧）

前腿

牙头（侧）

管脚枨（侧）

左视图

抹头

藤屉

大边

俯视图

三视结构图（图示 9 ~ 11）

明

明式藤屉四出头官帽椅

材质：黄花梨

丰款：明代

外观效果图（图示1）

1. 器形点评

　　此官帽椅是明式家具中的经典器型，椅子搭脑采用弧形弯材制成，两端出挑。椅子的搭脑、扶手、鹅脖都为曲线构件。座面以下用券口牙子和直牙条，不用罗锅枨加矮老。椅子的座面采用藤条编织而成，其下安装穿带以增强椅子的稳定性和牢固性。在传世家具中，此器是一件相当标准的四出头官帽椅。

2. CAD 图示

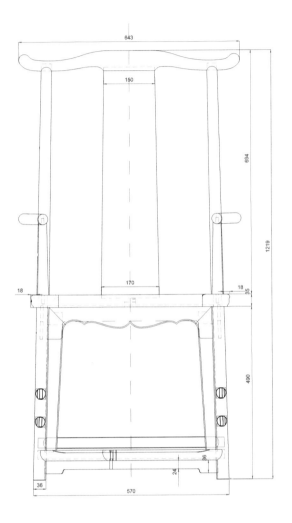

主视图

左视图

明

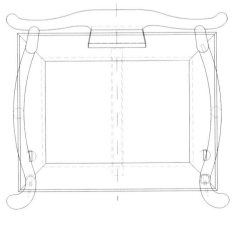

俯视图

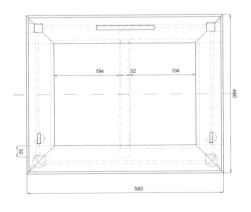

剖视图

CAD 结构图（图示 2～5）

3. 用材效果

外观效果图（材质：黄花梨；图示 6）

外观效果图（材质：紫檀；图示 7）

外观效果图（材质：酸枝；图示 8）

4. 结构解析

搭脑
靠背板
靠背立柱
扶手
角牙
鹅脖
座面
券口牙子
前腿
侧枨
踏脚枨
直牙板

整体结构图（图示 9）

明

部件结构图（图示 10）

5. 部件详解

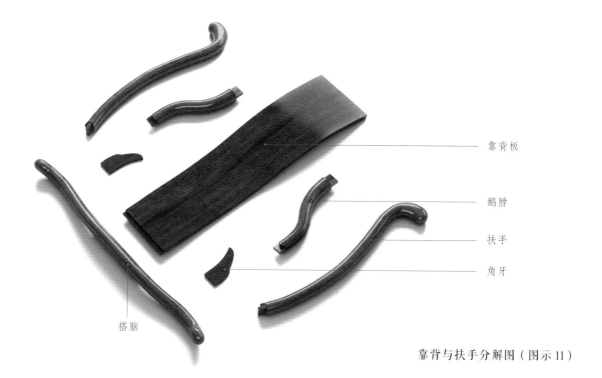

靠背板

鹅脖

扶手

角牙

搭脑

靠背与扶手分解图（图示 11）

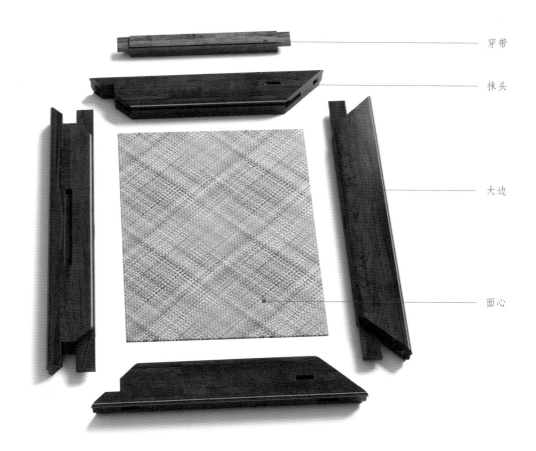

穿带

抹头

大边

面心

座面分解图（图示 12）

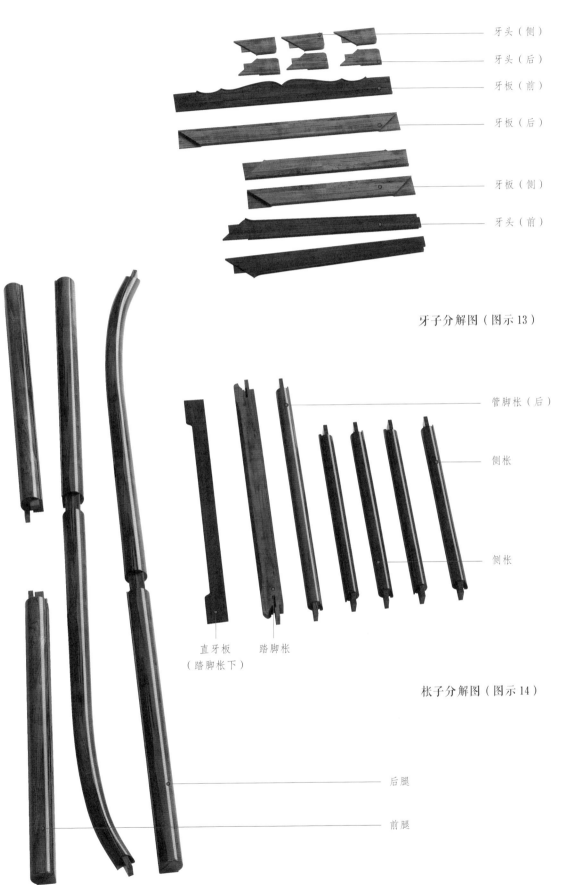

牙头（侧）

牙头（后）

牙板（前）

牙板（后）

牙板（侧）

牙头（前）

牙子分解图（图示 13）

明

管脚枨（后）

侧枨

侧枨

直牙板
（踏脚枨下）

踏脚枨

枨子分解图（图示 14）

后腿

前腿

腿足分解图（图示 15）

明式四出头官帽椅三件套

材质：黄花梨

年款：明代

外观效果图（图示1）

1. 器形点评

　　此对四出头官帽椅的搭脑和扶手均出头，在尽端向外挑出，如飞鸟展翅。搭脑中段呈罗锅枨式，扶手两端外撇，与搭脑造型和谐统一，曲线优美，富有张力。后腿与靠背立柱为一木连做，下直上弯，鹅脖部分向前倾斜，以增强对扶手的支撑。椅子整体造型俊秀挺拔，有文人雅士的风骨。两椅中夹一方几，线条凝练，简洁高挺。

2. CAD 图示

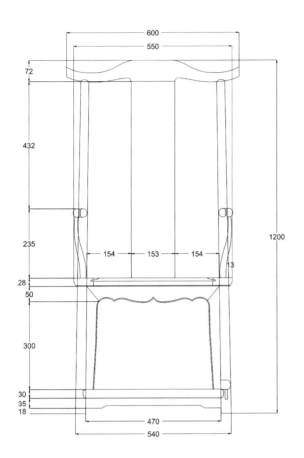

椅－主视图

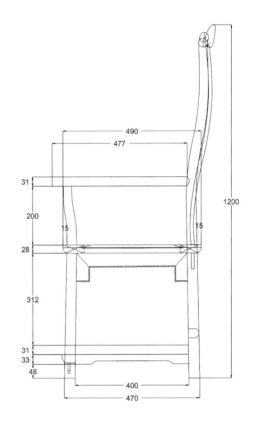

椅－右视图

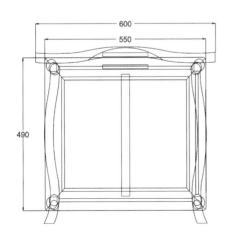

椅－俯视图

CAD 结构图（图示 2 ～ 4）

明

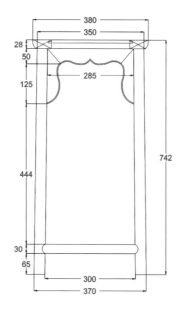

几 - 主视图

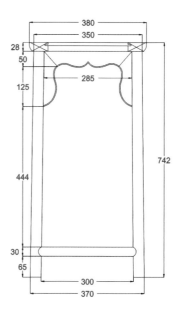

几 - 左视图

CAD 结构图（图示 5 ～ 6）

注：俯视图简单，故省略俯视图。

3. 用材效果

外观效果图（材质：黄花梨；图示 7）

明

外观效果图（材质：紫檀；图示 8）

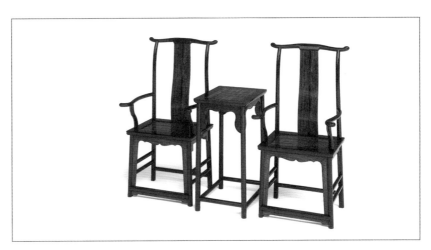

外观效果图（材质：酸枝；图示 9）

4. 结构解析

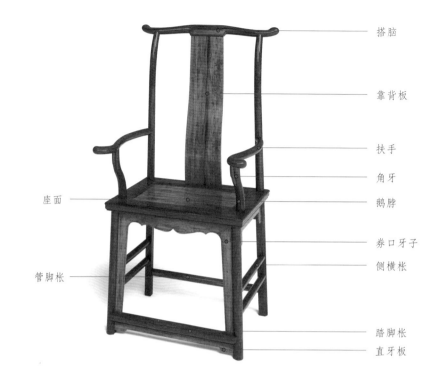

搭脑

靠背板

扶手
角牙
鹅脖

券口牙子
侧横枨

座面

管脚枨

踏脚枨
直牙板

整体结构图（图示 10）

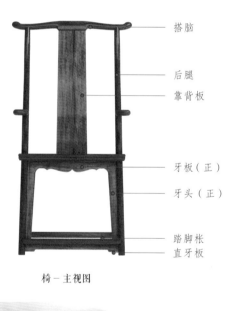

搭脑

后腿
靠背板

牙板（正）
牙头（正）

踏脚枨
直牙板

椅-主视图

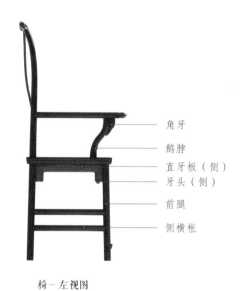

角牙
鹅脖
直牙板（侧）
牙头（侧）
前腿
侧横枨

椅-左视图

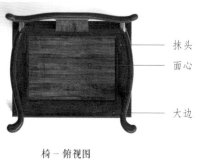

抹头
面心

大边

椅-俯视图

三视结构图（图示 11 ~ 13）

几面
牙板
牙头

管脚枨

整体结构图（图示 14）

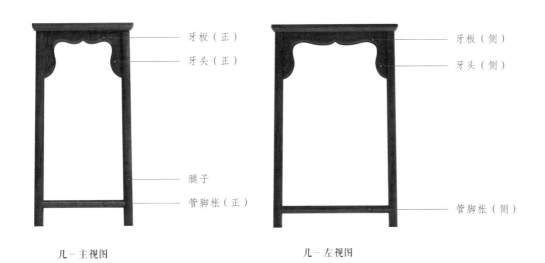

牙板（正）
牙头（正）

腿子
管脚枨（正）

几－主视图

牙板（侧）
牙头（侧）

管脚枨（侧）

几－左视图

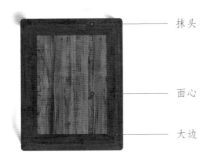

抹头

面心

大边

几－俯视图

三视结构图（图示 15 ～ 17）

明式牡丹纹南官帽椅

材质：黄花梨

丰款：明代

外观效果图（图示1）

1. 器形点评

　　此椅搭脑的弧度向后凸，与踏脚枨弯曲的方向相反。座面下方三面安装"洼堂肚"券口牙子。管脚枨不仅用明榫，而且出头少许，接合坚固且无累赘之感，在明式家具中很少见。此椅造型舒展而凝重，端庄沉稳，装饰无多，恰到好处。

2. CAD 图示

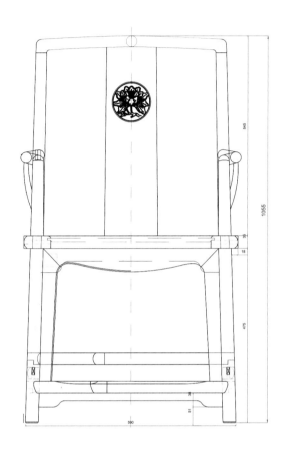

主视图

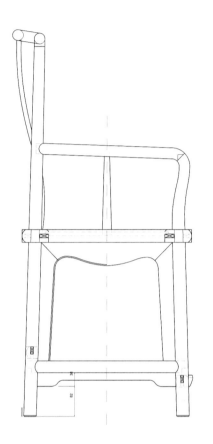

左视图

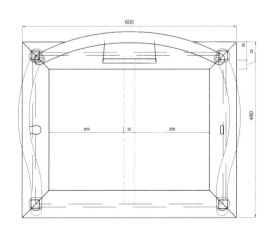

俯视图

明

CAD 结构图（图示 2 ~ 4）

3. 用材效果

外观效果图（材质：黄花梨；图示 5）

外观效果图（材质：紫檀；图示 6）

外观效果图（材质：酸枝；图示 7）

4. 结构解析

搭脑
后腿
靠背板
鹅脖
联帮棍
座面
卷口牙子
前腿
步步高赶枨
直牙板

整体结构图（图示 8）

部件结构图（图示 9）

明
代

5. 部件详解

大成若缺

靠背板

联帮棍

扶手

雕心

搭脑

靠背和扶手分解图（图示10）

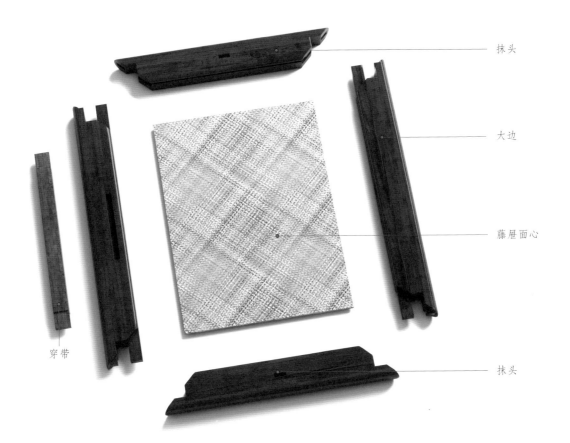

抹头

大边

藤屉面心

穿带

抹头

座面分解图（图示11）

明

牙头（前）

牙头（侧）

牙板（侧）

洼堂肚牙板（前）

券口牙子分解图（图示 12）

———— 前腿

———— 后腿

腿足分解图（图示13）

明

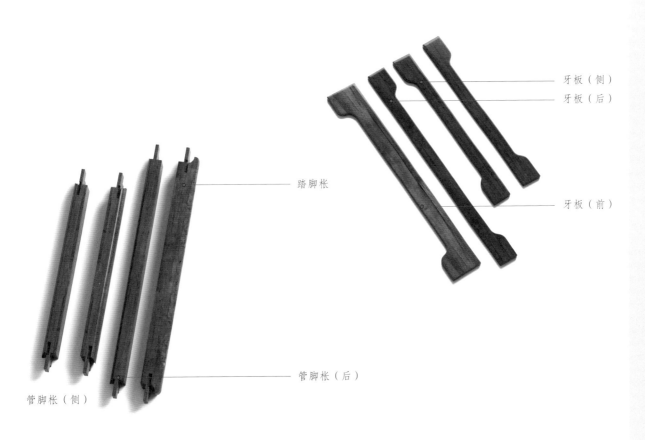

———— 牙板（侧）
———— 牙板（后）

———— 牙板（前）

———— 踏脚枨

管脚枨（后）

管脚枨（侧）

管脚枨和牙板分解图（图示14）

明式南官帽椅三件套

材质：黄花梨

丰款：明代

外观效果图（图示1）

1. 器形点评

南官帽椅从造型上看，不如四出头式大方，但南官帽椅在装饰手法上比较容易发挥，可以采用多种形式装饰椅背及扶手，用材可方可圆，可曲可直。造型特点主要是在椅背立柱与搭头的衔接处做出圆角，而且大多用圆材，给人以圆浑、优美的感觉。

2. CAD 图示

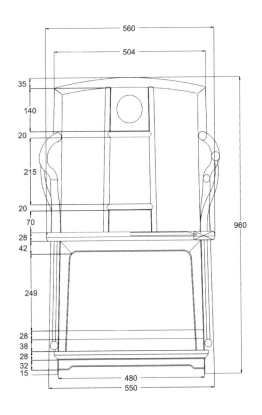

椅－主视图

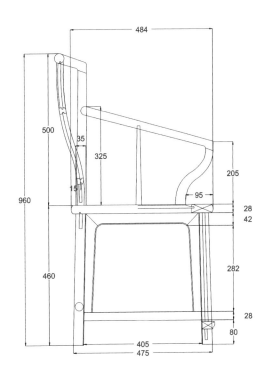

椅－左视图

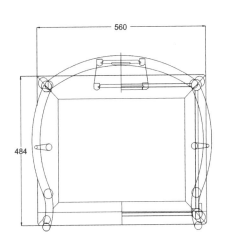

椅－俯视图

明

大成若缺

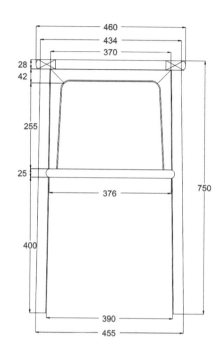

几－主视图

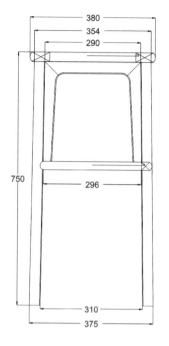

几－左视图

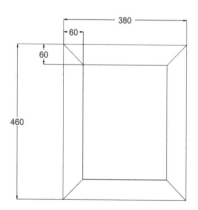

几－俯视图

CAD 结构图（图示 5 ~ 7）

3. 用材效果

外观效果图（材质：黄花梨；图示 8）

明

外观效果图（材质：紫檀；图示 9）

外观效果图（材质：酸枝；图示 10）

4. 结构解析

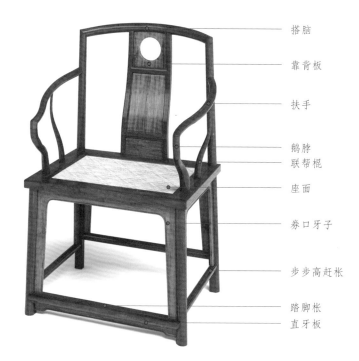

- 搭脑
- 靠背板
- 扶手
- 鹅脖
- 联帮棍
- 座面
- 券口牙子
- 步步高赶枨
- 踏脚枨
- 直牙板

整体结构图（图示11）

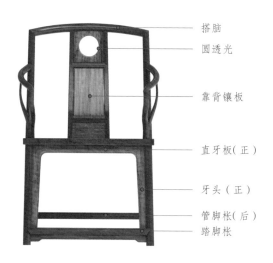

- 搭脑
- 圆透光
- 靠背镶板
- 直牙板(正)
- 牙头（正）
- 管脚枨(后)
- 踏脚枨

椅－主视图

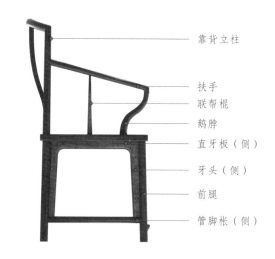

- 靠背立柱
- 扶手
- 联帮棍
- 鹅脖
- 直牙板（侧）
- 牙头（侧）
- 前腿
- 管脚枨（侧）

椅－左视图

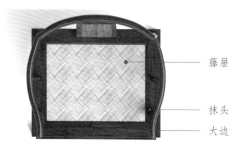

- 藤屉
- 抹头
- 大边

椅－俯视图

三视结构图（图示12～14）

大成若缺

几面

券口牙子

屉板

整体结构图（图示15）

明

直牙板（正）

牙头（正）

横枨（正）

腿子

几－主视图

直牙板（侧）

牙头（侧）

横枨（侧）

几－左视图

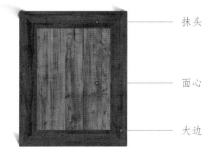

抹头

面心

大边

几－俯视图

三视结构图（图示16～18）

明式扇形官帽椅

材质：黄花梨

丰款：明代

外观效果图（图示1）

1. 器形点评

　　此椅的形态是南官帽椅的标准样式。搭脑和扶手都不出头，扶手下置一"S"形联帮棍。靠背板呈三弯形。椅腿之间安罗锅枨加矮老。椅腿下方装有步步高赶枨，踏脚枨下亦有罗锅枨相托。

2. CAD 图示

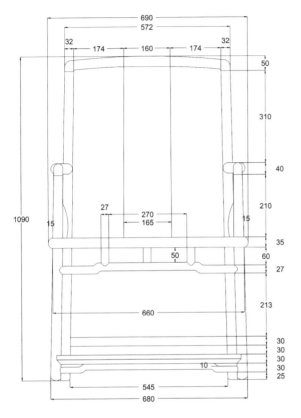

主视图

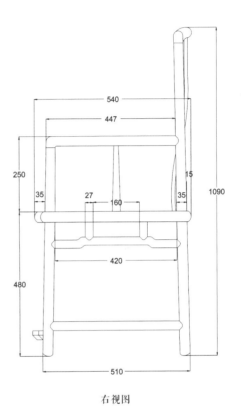

右视图

俯视图

明

CAD 结构图（图示 2 ~ 4）

3. 用材效果

外观效果图（材质：黄花梨；图示 5）

外观效果图（材质：紫檀；图示 6）

外观效果图（材质：酸枝；图示 7）

大成若缺

4. 结构解析

搭脑
靠背板
靠背立柱
扶手
联帮棍
座面
矮老
罗锅枨
前腿
步步高赶枨
踏脚枨
罗锅枨

整体结构图（图示 8）

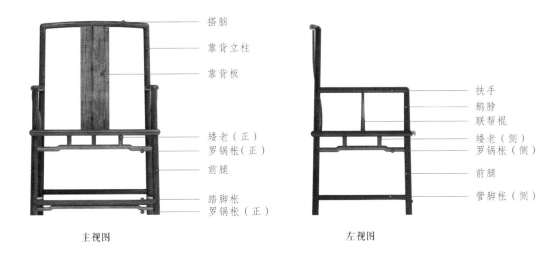

搭脑
靠背立柱
靠背板

矮老（正）
罗锅枨（正）
前腿

踏脚枨
罗锅枨（正）

主视图

扶手
鹅脖
联帮棍
矮老（侧）
罗锅枨（侧）
前腿
管脚枨（侧）

左视图

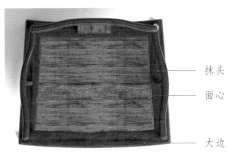

抹头
面心
大边

俯视图

三视结构图（图示 9 ～ 11）

明

明式藤屉小圈椅

材质：黄花梨

丰款：明代

外观效果图（图示1）

1. 器形点评

　　此小圈椅椅圈五接，线条圆润委婉，靠背板上部雕刻有"苍龙教子"图案，形象简明而生动。背板两侧饰以云纹牙条，与座面下券口牙子之形态互相呼应。横牙板为壶门式，线条生动婉转。此椅上圆下方，外柔内刚，韵味妍秀雅丽，是明式家具中的经典之作。

2. CAD 图示

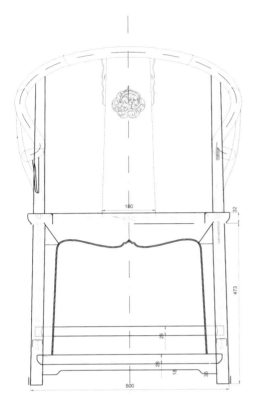

主视图

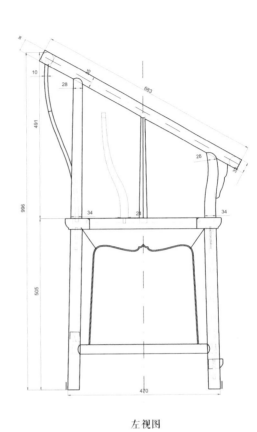

左视图

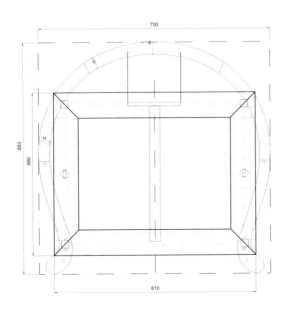

俯视图

CAD 结构图（图示 2 ~ 4）

明

3. 用材效果

外观效果图（材质：黄花梨；图示 5）

外观效果图（材质：紫檀；图示 6）

外观效果图（材质：酸枝；图示 7）

4. 结构解析

角牙

扶手

鹅脖

搭脑

靠背板

联帮棍

角牙

座面

券口牙子

步步高赶枨

直牙板

整体结构图（图示 8）

明

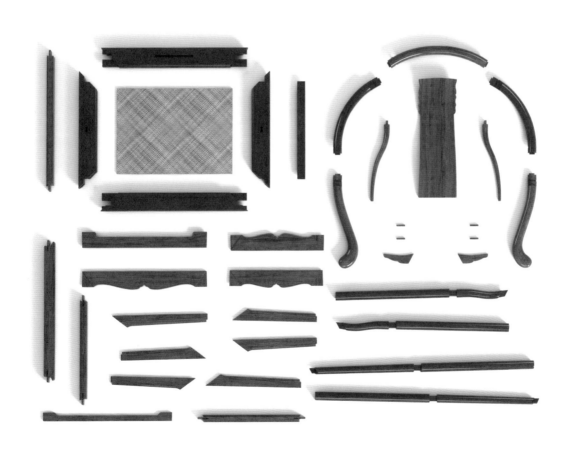

部件结构图（图示 9）

5. 部件详解

大成若缺

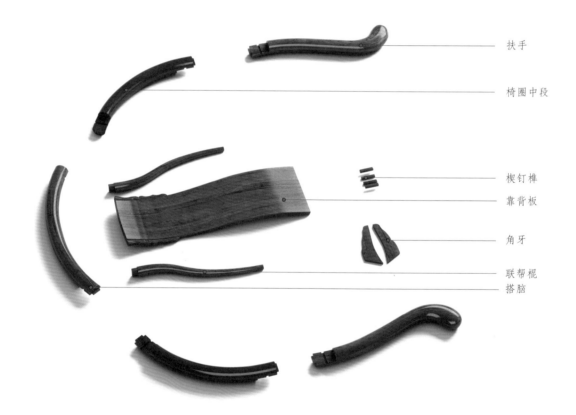

扶手

椅圈中段

楔钉榫

靠背板

角牙

联帮棍

搭脑

椅圈和靠背分解图（图示10）

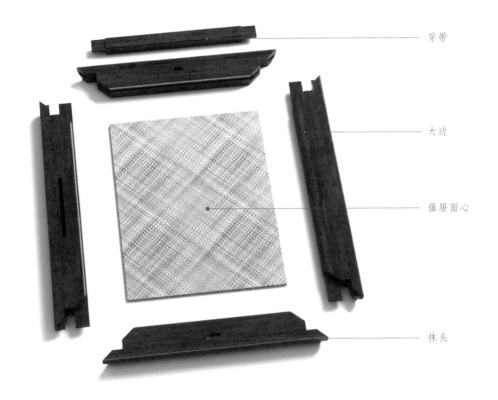

穿带

大边

藤屉面心

抹头

明

座面分解图（图示 11）

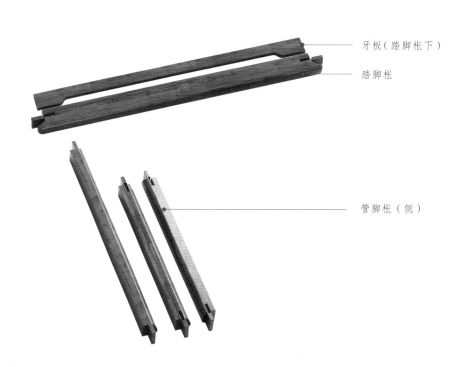

牙板（踏脚枨下）

踏脚枨

管脚枨（侧）

管脚枨分解图（图示 12）

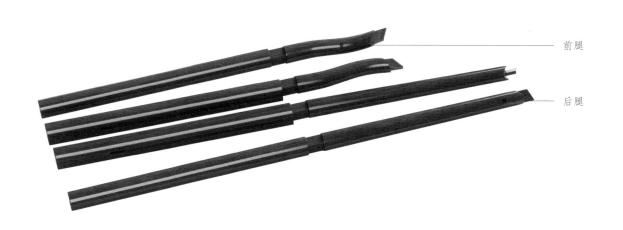

前腿

后腿

腿足分解图（图示 13）

牙头（侧）

牙头（侧）

牙头（正）

明

壶门牙板（正）

直牙板（后）

壶门牙板（侧）

券口牙子分解图（图示14）

明式卷草纹圈椅

材质：黄花梨

丰款：明代

外观效果图（图示1）

1. 器形点评

　　此椅上部椅圈、鹅脖、联帮棍等均为弯曲的弧形构件，形如蓄势待发的弯弓，力度饱满内敛。靠背板浮雕如意云头开光和卷草纹，形象简洁凝练，明快舒畅。座面以下则多是直线构件，形式素直方正。此椅造型上曲下直，天圆地方，玲珑而清秀。

2. CAD 图示

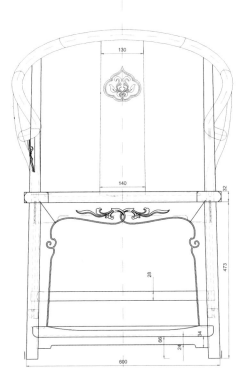

主视图

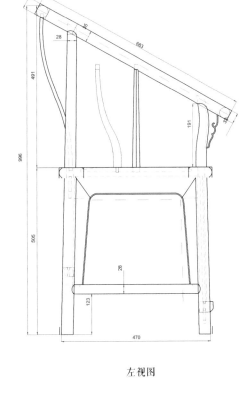

左视图

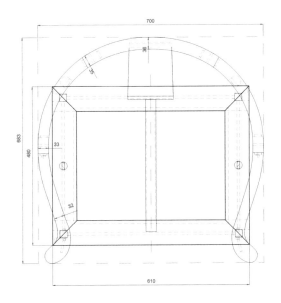

俯视图

CAD 结构图（图示 2 ~ 4）

3. 用材效果

外观效果图（材质：黄花梨；图示 5）

外观效果图（材质：紫檀；图示 6）

外观效果图（材质：酸枝；图示 7）

4. 结构解析

椅圈

靠背板

后腿

角牙

联帮棍

座面

券口牙子

前腿

步步高赶枨

直牙板

整体结构图（图示 8）

明

部件结构图（图示 9）

5. 部件详解

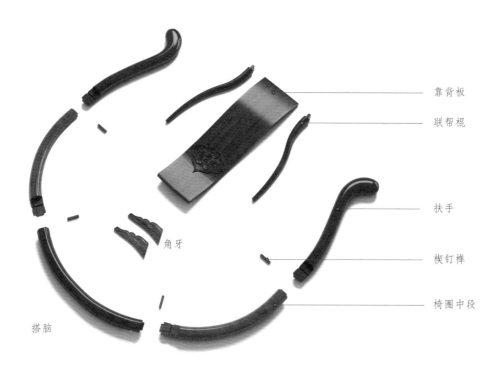

靠背板
联帮棍
扶手
楔钉榫
椅圈中段
角牙
搭脑

椅圈和靠背分解图（图示10）

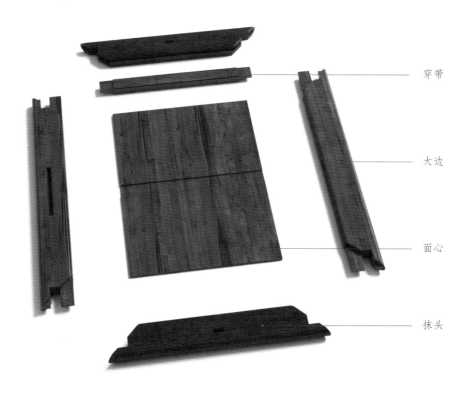

穿带
大边
面心
抹头

座面分解图（图示11）

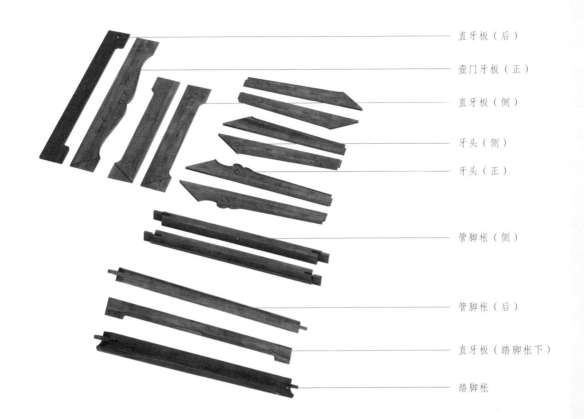

直牙板（后）

壶门牙板（正）

直牙板（侧）

牙头（侧）

牙头（正）

管脚枨（侧）

管脚枨（后）

直牙板（踏脚枨下）

踏脚枨

枨子和牙子分解图（图示12）

明
代

后腿

前腿

腿足分解图（图示13）

明式螭龙纹圈椅三件套

材质：黄花梨

丰款：明代

外观效果图（图示1）

1. 器形点评

圈椅由交椅演变而来，它和交椅的主要区别是不用交叉腿，而采用四足落地，以木板作面，和平常椅子的底盘无大区别。圈椅最大的特点是圈背连着扶手，从高到低一顺而下。椅背处以浮雕螭龙纹图案作为装饰，椅腿之间安装有雕卷草纹的壶门券口牙子；椅腿之间有横枨，横枨下牙板光素。

2. CAD 图示

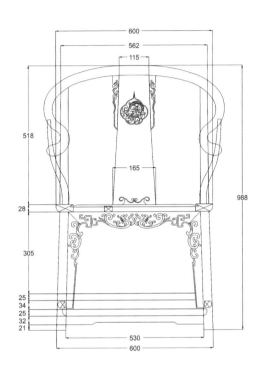

椅—主视图

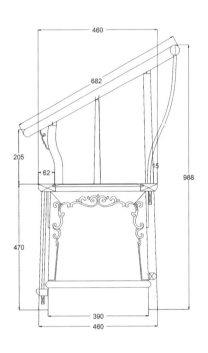

椅—右视图

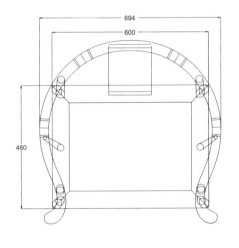

椅—俯视图

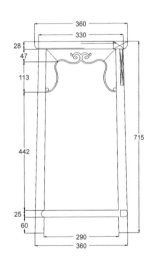

几—主视图

CAD 结构图（图示 2 ~ 5）

注：几的左视图及俯视图简单，故省略。

3. 用材效果

外观效果图（材质：黄花梨；图示 6）

外观效果图（材质：紫檀；图示 7）

外观效果图（材质：酸枝；图示 8）

4. 结构解析

靠背立柱
扶手
前腿

搭脑
靠背板
联帮棍
亮脚
座面
券口牙子
步步高赶枨
直牙板

整体结构图（图示9）

明

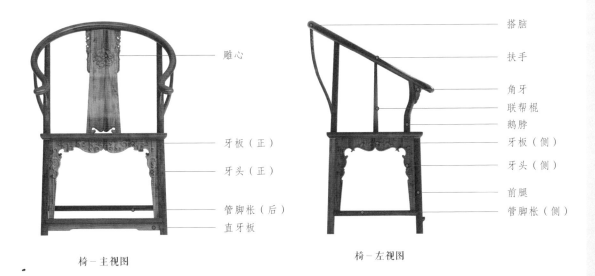

雕心

牙板（正）
牙头（正）

管脚枨（后）
直牙板

椅－主视图

搭脑
扶手

角牙
联帮棍
鹅脖

牙板（侧）

牙头（侧）

前腿

管脚枨（侧）

椅－左视图

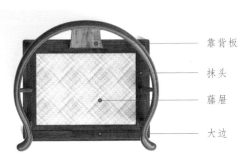

靠背板

抹头

藤屉

大边

椅－俯视图

三视结构图（图示10～12）

抹头
面心
大边
壸门牙子

管脚枨

整体结构图（图示13）

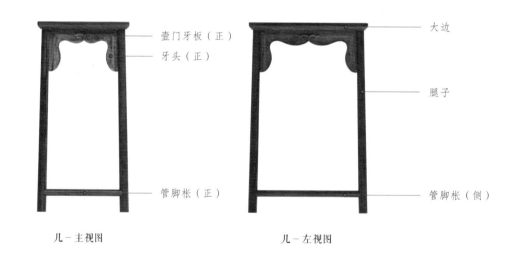

壸门牙板（正）
牙头（正）

管脚枨（正）

几－主视图

大边

腿子

管脚枨（侧）

几－左视图

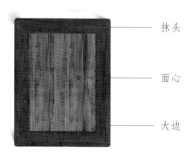

抹头

面心

大边

几－俯视图

三视结构图（图示14 ~ 16）

5. 雕刻图版

※ 明式螭龙纹圈椅三件套雕刻技艺图

序号	名称	雕刻技艺图	应用部位
1	拐子螭龙纹		券口牙子（椅正面）
2	卷草纹		券口牙子（椅侧面）
3	子母螭龙纹		靠背板（椅）

明

清式四角攒边镶楠木机凳

材质：黄花梨

丰款：清代

外观效果图（图示1）

1. 器形点评

此凳座面攒边镶楠木面心，冰盘沿中间起阳线。座面下安罗锅枨，罗锅枨与座面之间以矮老相连。四腿为圆柱形，侧脚显著，腿间施管脚枨。此凳用材上乘，造型纯朴大方，简练中蕴含着精致。此凳实物原型在北京故宫博物院，属于清宫旧藏。

2. CAD 图示

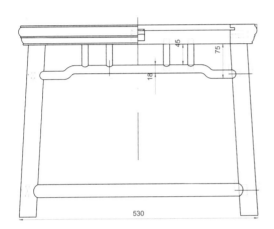

主视图

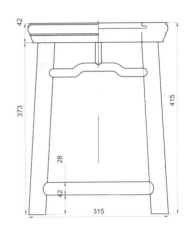

左视图

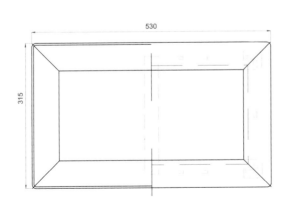

俯视图

3. 用材效果

外观效果图（材质：黄花梨；图示 5）

外观效果图（材质：紫檀；图示 6）

外观效果图（材质：酸枝；图示 7）

4. 结构解析

座面

矮老

罗锅枨

腿子

管脚枨

整体结构图（图示 8）

清

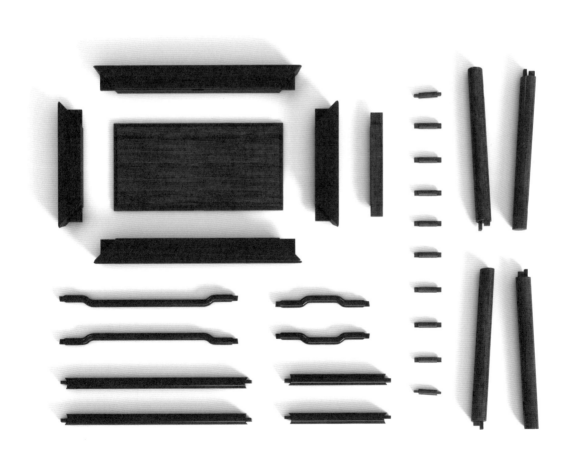

部件结构图（图示 9）

大成若缺

面心

大边

抹头

穿带

座面分解图（图示 10）

矮老

腿足

管脚枨

罗锅枨

管脚枨（侧）

罗锅枨（侧）

腿足和其他分解图（图示 11）

清式鼓腿彭牙方凳

材质：黄花梨

丰款：清代

外观效果图（图示1）

1. 器形点评

此方凳的座面攒框装藤屉，落堂做。座面下有束腰，鼓腿彭牙，内翻马蹄足。牙板正中垂如意云纹洼堂肚，牙板与腿相交处安云纹角牙。此凳做工精细考究，腿足曲线略显夸张，使全器生动活泼。此凳实物原型在北京故宫博物院，属于清宫旧藏。

2. CAD 图示

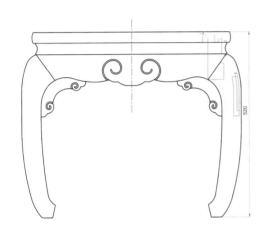

主视图

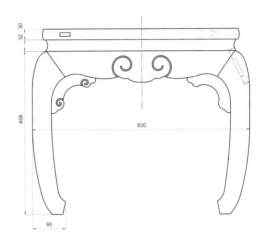

左视图

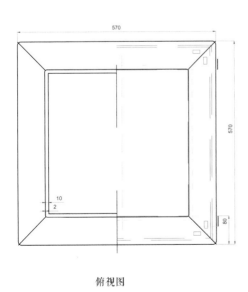

俯视图

清

3. 用材效果

外观效果图（材质：黄花梨；图示 5 ）

外观效果图（材质：紫檀；图示 6 ）

外观效果图（材质：酸枝；图示 7 ）

4. 结构解析

座面
束腰
角牙
鼓腿
内翻马蹄足

整体结构图（图示 8）

清

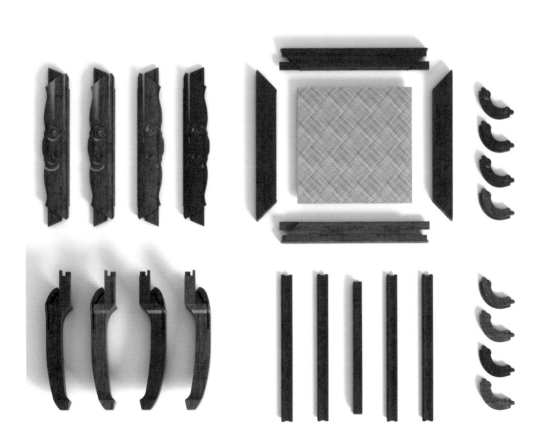

部件结构图（图示 9）

5. 部件详解

穿带

大边

藤屉

抹头

座面分解图（图示10）

角牙

束腰

腿足

牙板

清

腿足和其他分解图（图示 11）

清式有束腰方凳

材质：黄花梨

丰款：清代

外观效果图（图示 1）

1. 器形点评

此凳高束腰，凳面方正，四边抹为冰盘沿。鼓腿彭牙，腿间又加透雕拐子纹花牙子。内翻马蹄足，足端雕涡纹。整器造型古朴，优雅简洁。

2. CAD 图示

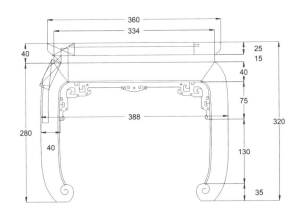

主视图

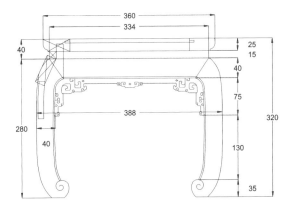

左视图

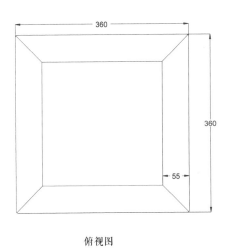

俯视图

坐具·清代

3. 用材效果

外观效果图（材质：黄花梨；图示 5）

外观效果图（材质：紫檀；图示 6）

外观效果图（材质：酸枝；图示 7）

大成若缺

4. 结构解析

座面

束腰

花牙子

腿子

内翻马蹄足

整体结构图（图示 8）

束腰

花牙子

腿子

主视图

束腰

彭牙板

左视图

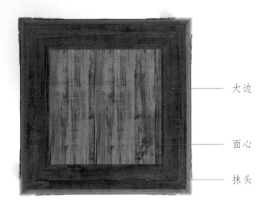

大边

面心

抹头

俯视图

三视结构图（图示 9 ~ 11）

清式鼓腿圆凳

材质：黄花梨

丰款：清代

外观效果图（图示1）

1. 器形点评

此凳的座面为正圆形，下有束腰，鼓腿彭牙，壶门牙板，整体采用黄花梨制作而成。四腿下端以格肩榫与托泥接合，形成四个壶门开光。足端带蹼，托泥下有龟足。此圆凳本为八件成堂，现故宫与颐和园各存其四。此凳实物原型在北京故宫博物院，属于清宫旧藏。

2. CAD 图示

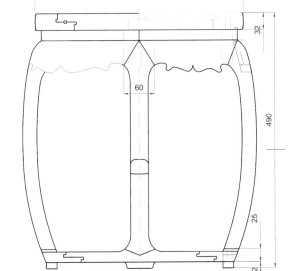

主视图

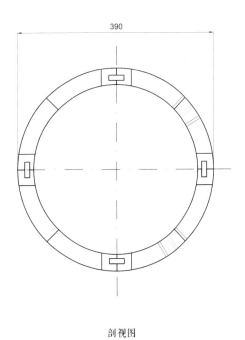

剖视图

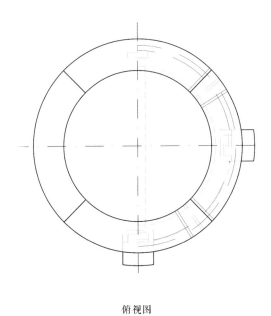

俯视图

CAD 结构图（图示 2 ～ 4）

3. 用材效果

外观效果图（材质：黄花梨；图示 5）

外观效果图（材质：紫檀；图示 6）

外观效果图（材质：酸枝；图示 7）

4. 结构解析

座面
束腰
牙板

腿子

托泥

龟足

整体结构图（图示 8）

清

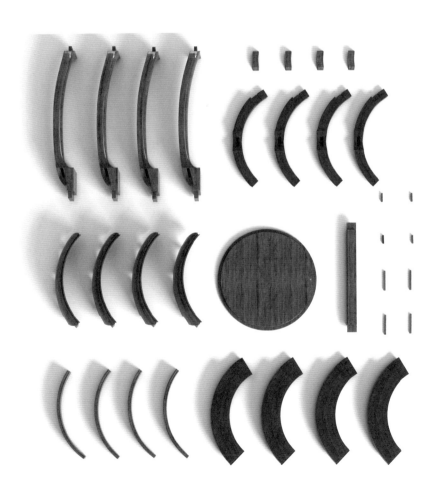

部件结构图（图示 9）

5. 部件详解

大成若缺

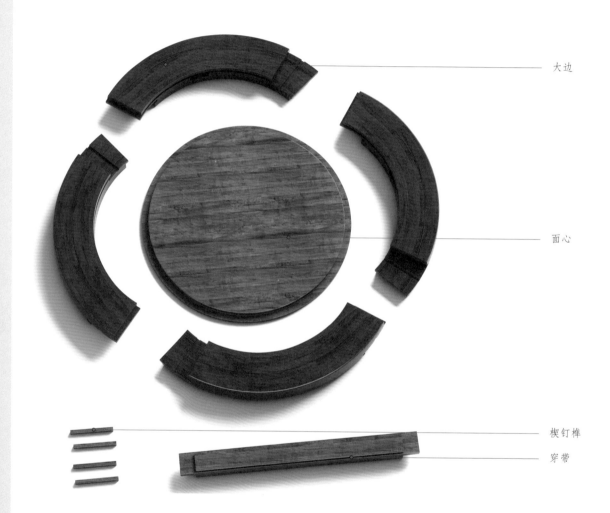

大边

面心

楔钉榫

穿带

座面分解图（图示 10）

142

栽榫　　　　　　　　　　　　　　束腰

　　　　　　　　　　　　　　　　牙板

束腰和牙板分解图（图示11）

清

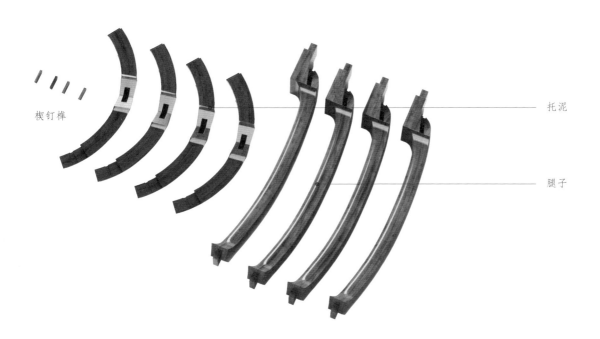

楔钉榫　　　　　　　　　　　　托泥

　　　　　　　　　　　　　　　　腿子

腿足和其他分解图（图示12）

清式五足圆凳

材质：黄花梨

丰款：清代

外观效果图（图示1）

1. 器形点评

　　此凳座面为正圆形，面沿下起阳线。束腰分段嵌装绦环板，绦环板上开捏角鱼门洞。鼓腿彭牙，牙板曲线为壶门式。内翻卷云足，下踩圆珠，圆珠下为圆形托泥。整体材质为黄花梨，纹理绚丽多姿。此凳实物原型在北京故宫博物院，属于清宫旧藏。

2. CAD 图示

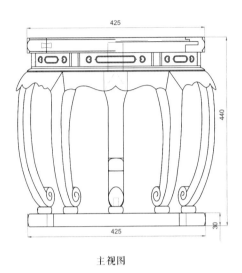

主视图

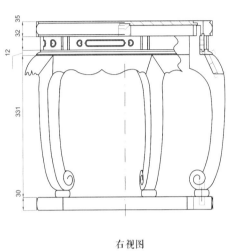

右视图

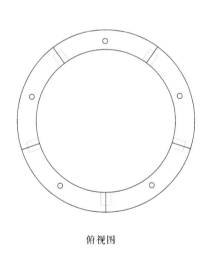

俯视图

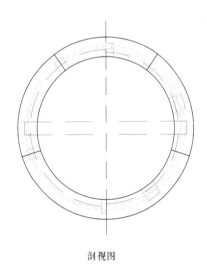

剖视图

CAD 结构图（图示 2 ~ 5）

3. 用材效果

大成若缺

外观效果图（材质：黄花梨；图示 6）

外观效果图（材质：紫檀；图示 7）

外观效果图（材质：酸枝；图示 8）

4. 结构解析

座面

束腰

牙板

腿子

内翻马蹄足

托泥

整体结构图（图示 9）

清

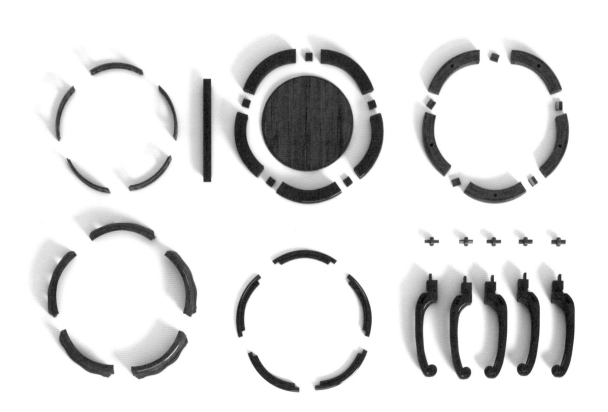

部件结构图（图示 10）

大成若缺

束腰

大边

托腮

面心

穿榫

穿带

座面和束腰分解图（图示 11）

托泥

圆珠

穿榫

牙板

腿足

清

腿足和其他分解图（图示 12）

清式拐子纹靠背椅

材质：黄花梨

年款：清代

外观效果图（图示1）

1. 器形点评

　　此椅为卷云纹搭脑，两端出头上挑。靠背板与立柱均做成弯曲状。靠背板下端安装角牙，立柱与搭脑相接处有挂牙，立柱与座面相接处用角牙相连。座面之下装洼堂肚牙板，牙板正中与两端雕刻卷云纹。方腿直足，足端安步步高赶枨。此椅实物原型在北京故宫博物院，属于清宫旧藏。

2. CAD 图示

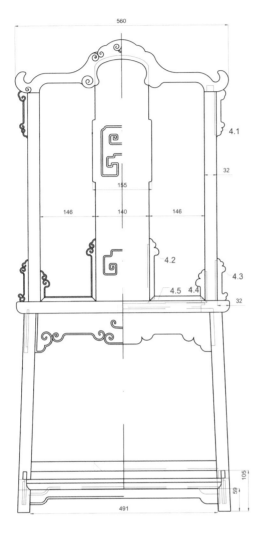

主视图

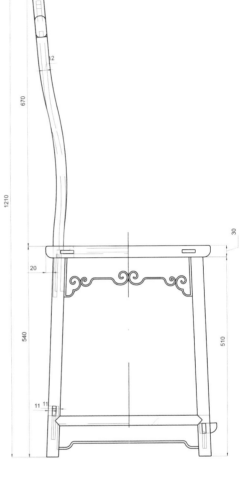

左视图

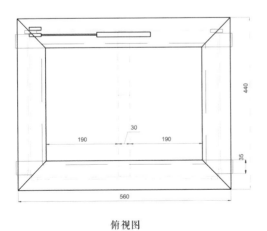

俯视图

注：俯视图略去靠背。

3. 用材效果

外观效果图（材质：黄花梨；图示 5）

外观效果图（材质：紫檀；图示 6）

外观效果图（材质：酸枝；图示 7）

4. 结构解析

搭脑

靠背板

角牙

座面

洼堂肚牙板

步步高赶枨

直牙板

整体结构图（图示 8）

部件结构图（图示 9）

清
代

5. 部件详解

大
成
若
缺

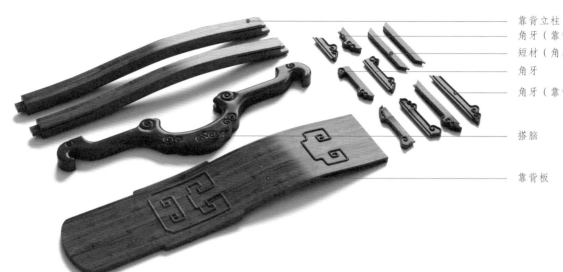

靠背立柱
角牙（靠背立柱内侧）
短材（角牙之间）
角牙
角牙（靠背板外侧）

搭脑

靠背板

靠背分解图（图示 10）

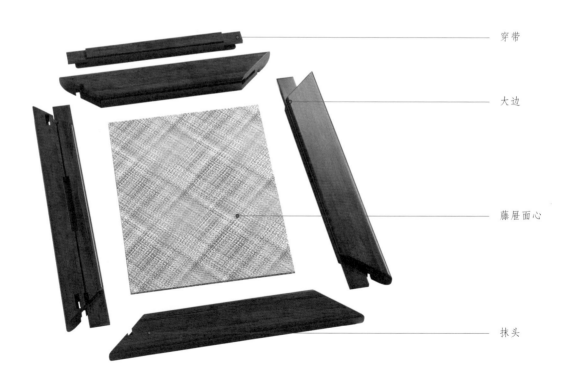

穿带

大边

藤屉面心

抹头

座面分解图（图示 11）

壶门牙板（侧）

洼堂肚牙板（正）

洼堂肚牙板（后）

直牙板（管脚枨下）

牙板分解图（图示 12）

腿足

步步高赶枨（侧）

踏脚枨

步步高赶枨（后）

腿足和其他分解图（图示 13）

清

清式攒靠背四出头官帽椅

材质：黄花梨

年款：清代

外观效果图（图示1）

1. 器形点评

此椅搭脑两端出挑。靠背板分三段攒接，上段嵌装落堂踩鼓横纹木板。纹理犹如山水画，坡石山峦，自然天成，十分难得。搭脑与靠背立柱相交处，其里侧安装角牙，并不多见。椅盘下三面安券口牙子，简洁又别致。此椅实物原型在北京故宫博物院，属于清宫旧藏。

2. CAD 图示

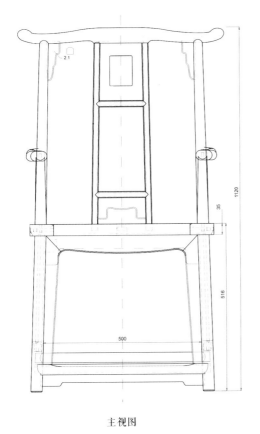

主视图

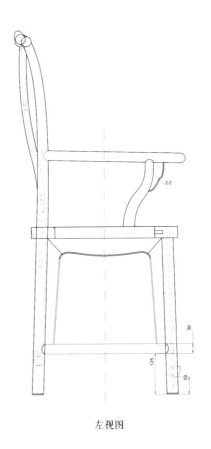

左视图

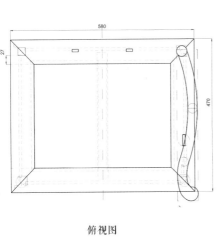

俯视图

注：俯视图略去靠背和部分扶手。

3. 用材效果

大成若缺

外观效果图（材质：黄花梨；图示 5）

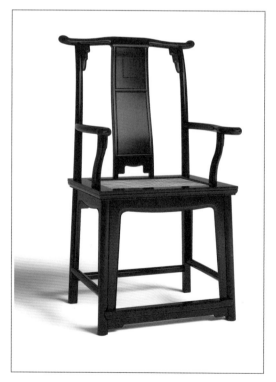

外观效果图（材质：紫檀；图示 6）

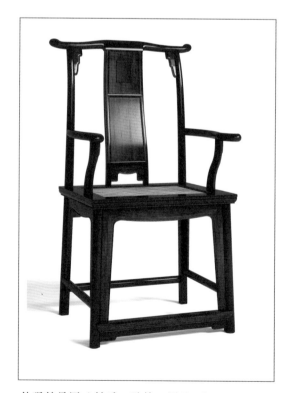

外观效果图（材质：酸枝；图示 7）

4. 结构解析

搭脑

角牙

后腿

靠背板

扶手
角牙

鹅脖

座面

券口牙子

前腿

步步高赶枨

直牙条

整体结构图（图示 8）

清

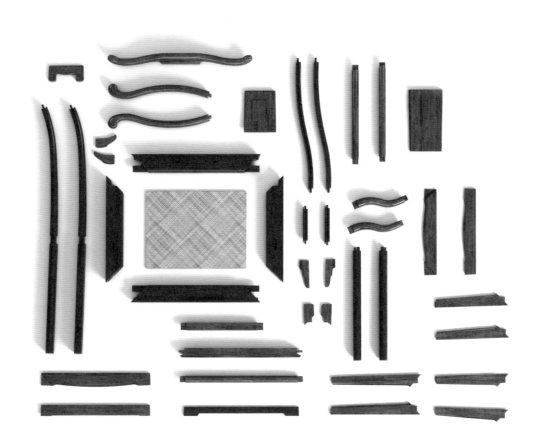

部件结构图（图示 9）

大成若缺

角牙（搭脑下）

角牙（扶手下）

靠背板边框

靠背板横枨

靠背镶板（中段）

鹅脖

靠背镶板（下段）

靠背镶板（上段）

搭脑

扶手

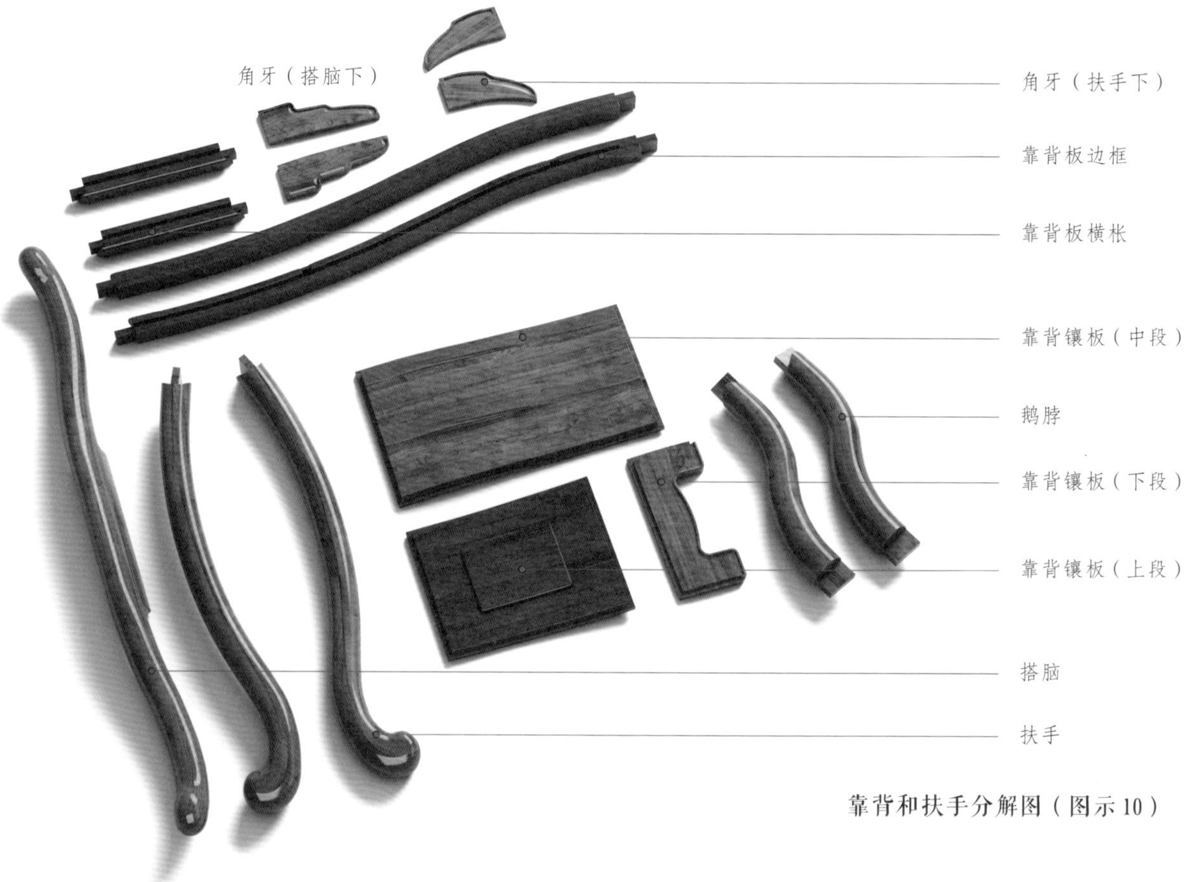

靠背和扶手分解图（图示10）

穿带

大边

藤屉面心

抹头

座面分解图（图示11）

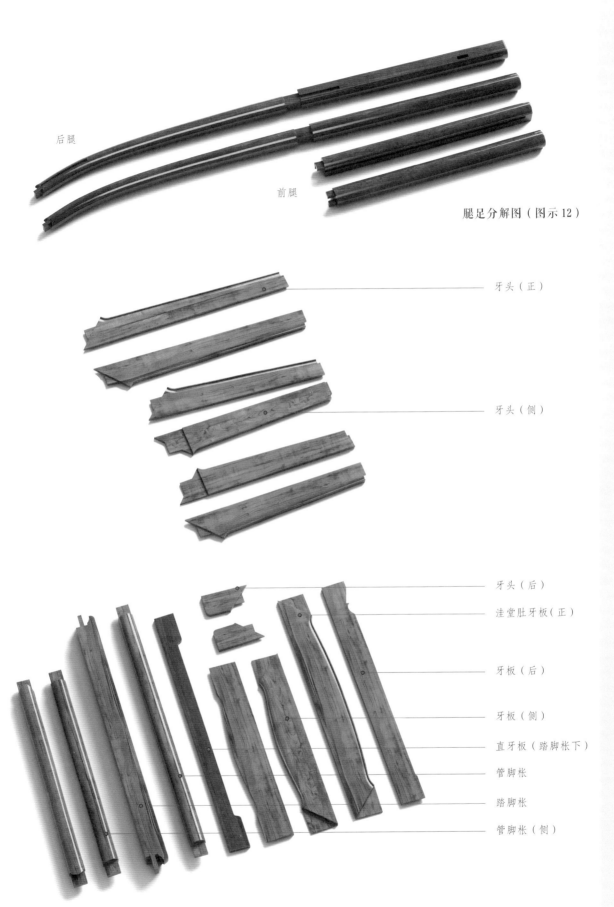

后腿

前腿

腿足分解图（图示 12）

牙头（正）

牙头（侧）

清

牙头（后）

洼堂肚牙板（正）

牙板（后）

牙板（侧）

直牙板（踏脚枨下）

管脚枨

踏脚枨

管脚枨（侧）

枨子和牙板分解图（图示 13）

清式福磬拐子纹扶手椅

材质：黄花梨

年款：清代

外观效果图（图示1）

1. 器形点评

　　此椅靠背与扶手皆攒拐子纹，靠背边框与竖枨之间装蝠纹卡子花，靠背板上雕刻福磬纹与双螭纹（外观效果图未绘出，详见 CAD 图示），精工细刻。座面下有直束腰，再下有托腮。牙板下又加牙条，牙条正中垂洼堂肚，与两侧牙头组成勾云纹券口。四足带托泥，实系由管脚枨连接而成，管脚枨为罗锅枨形式，其下又垫龟足。此椅实物原型在北京故宫博物院，属于清宫旧藏。

2. CAD 图示

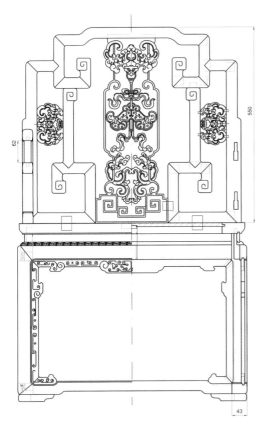

主视图

左视图

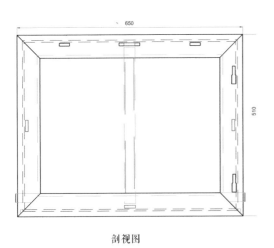

剖视图

清
代

CAD 结构图（图示 2 ~ 4）

3. 用材效果

外观效果图（材质：黄花梨；图示 5）

外观效果图（材质：紫檀；图示 6）

外观效果图（材质：酸枝；图示 7）

4. 结构解析

搭脑

靠背边框

扶手

靠背板

束腰

券口牙子

管脚枨

龟足

整体结构图（图示 8）

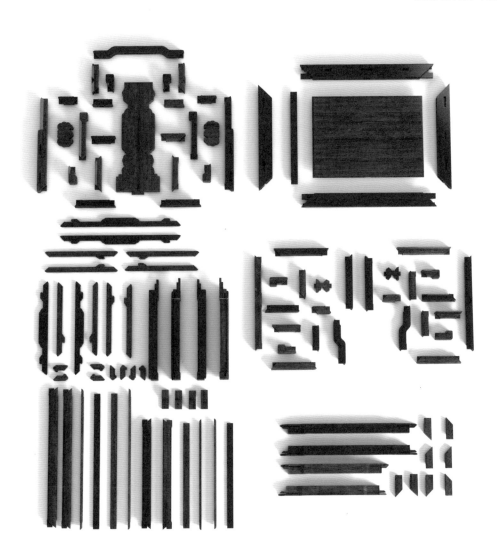

部件结构图（图示 9）

清

5. 部件详解

靠背边框

靠背边框（下）

搭脑

靠背板

靠背边框（下）

背板内框

蝠纹镶板

靠背围子分解图（图示 10）

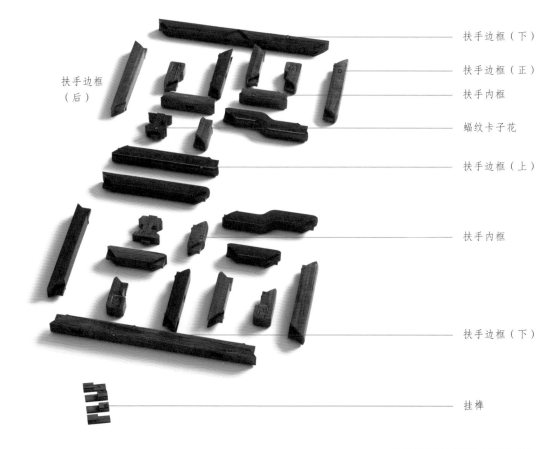

扶手边框
（后）

扶手边框（下）

扶手边框（正）

扶手内框

蝠纹卡子花

扶手边框（上）

扶手内框

扶手边框（下）

挂榫

扶手围子分解图（图示 11）

抹头

大边

面心

穿带

座面分解图（图示12）

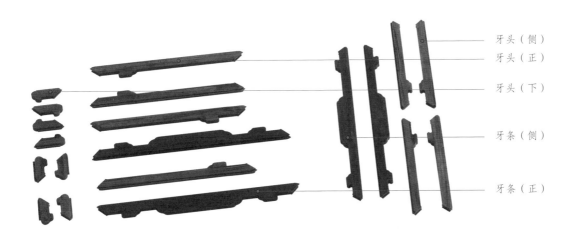

牙头（侧）
牙头（正）

牙头（下）

牙条（侧）

牙条（正）

券口牙子分解图（图示13）

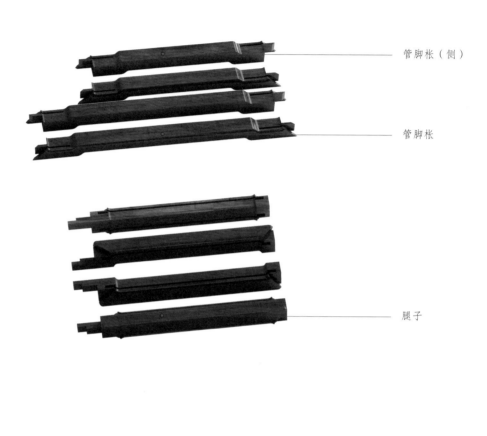

管脚枨（侧）

管脚枨

腿子

龟足

腿子和管脚枨分解图（图示 14）

托腮（侧）

束腰（侧）

牙板（侧）

托腮

束腰

牙板

清代

牙板和束腰分解图（图示 15）

清式福磬纹扶手椅

<u>材质：黄花梨</u>

<u>丰款：清代</u>

外观效果图（图示 1）

1. 器形点评

　　此椅的搭脑镂成卷云纹，与靠背板（靠背板上福磬纹效果略去）相连，靠背板与立柱的内侧均镶嵌透雕拐子纹花牙子，两侧扶手婉转而下，轮廓亦成卷云纹状。扶手中间透雕立瓶式联帮棍。座面下有束腰，腿足与牙板相交处安有透雕拐子纹角牙。腿间安有四面平管脚枨，管脚枨下又安牙板，牙头雕卷云纹。此椅实物原型在北京故宫博物院，属于清宫旧藏。

2. CAD 图示

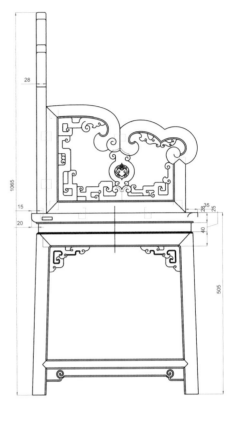

主视图

左视图

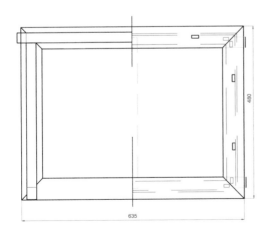

俯视图

CAD 结构图（图示 2 ~ 4）

3. 用材效果

外观效果图（材质：黄花梨；图示 5）

外观效果图（材质：紫檀；图示 6）

外观效果图（材质：酸枝；图示 7）

4. 结构解析

搭脑

靠背板

扶手

花牙子

座面

束腰

角牙

管脚枨

直牙板

清

整体结构图（图示 8）

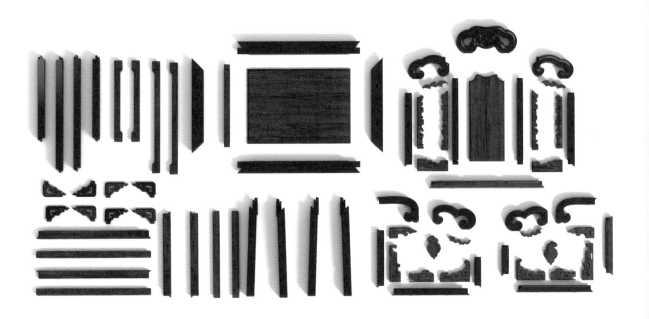

部件结构图（图示 9）

5. 部件详解

大成若缺

靠背立柱

花牙子

靠背边框（下）

搭脑

靠背板镶板

靠背板边框

靠背分解图（图示 10）

大边

面心

穿带

抹头

座面分解图（图示 11）

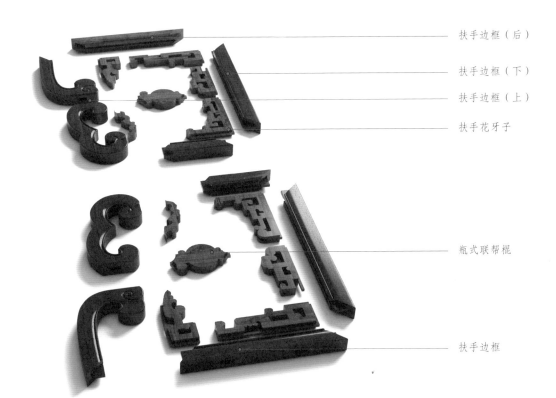

扶手边框（后）

扶手边框（下）

扶手边框（上）

扶手花牙子

瓶式联帮棍

扶手边框

扶手分解图（图示12）

腿足

牙板（座面下）

牙板（管脚枨下）

角牙

束腰

管脚枨

腿足和其他分解图（图示13）

清

清式福寿花篮扶手椅三件套

<u>材质：黄花梨</u>

<u>年款：清代</u>

外观效果图（图示1）

1. 器形点评

此对椅整体风格为广作家具的代表，通体采用黄花梨制作而成。靠背与扶手皆攒接拐子纹，其与边框之间装蝠纹卡子花（雕刻纹样见 CAD 示意）。座面下有直束腰，下有托腮。四腿方正，足间连管脚枨。两椅之间夹一方正小儿，茶几几面方正，牙板下安拐子纹角牙，腿间安有横枨，枨间安屉板。此椅实物原型在北京故宫博物院，属于清宫旧藏。

2. CAD 图示

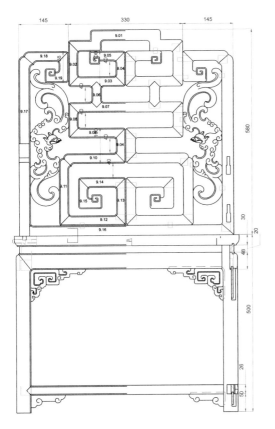

主视图

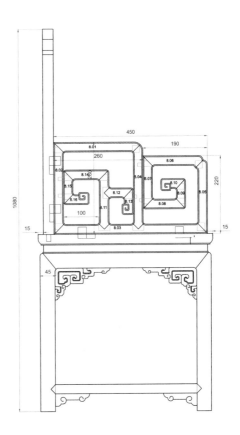

左视图

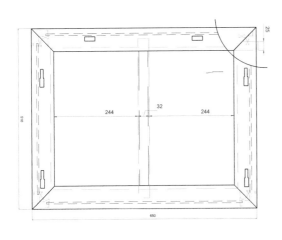

剖视图

清

CAD 结构图（图示 2 ~ 4）

3. 用材效果

外观效果图（材质：黄花梨；图示 5）

外观效果图（材质：紫檀；图示 6）

外观效果图（材质：酸枝；图示 7）

大成若缺

178

4. 结构解析

搭脑

靠背板

扶手

座面
束腰

角牙

管脚枨

整体结构图（图示 8）

清

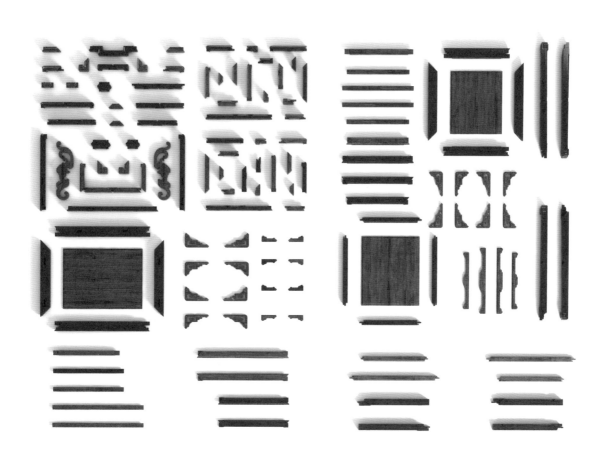

部件结构图（图示 9）

5. 部件详解

靠背边框（侧）

靠背边框（下）

搭脑

蝠纹镶板

靠背（椅）分解图（图示10）

抹头

大边

面心

穿带

座面（椅）分解图（图示11）

扶手边框（右）

扶手边框（右）

扶手边框（左）

扶手边框（左）

扶手（椅）分解图（图示12）

清

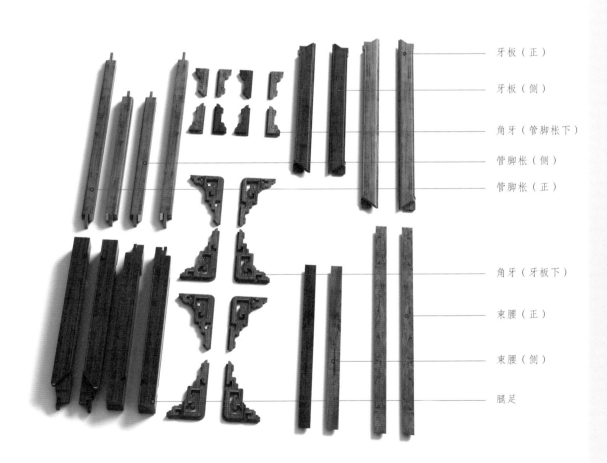

牙板（正）

牙板（侧）

角牙（管脚枨下）

管脚枨（侧）

管脚枨（正）

角牙（牙板下）

束腰（正）

束腰（侧）

腿足

腿足和其他（椅）分解图（图示13）

横枨（侧）

屉板

横枨（正）

屉板（几）分解图（图示14）

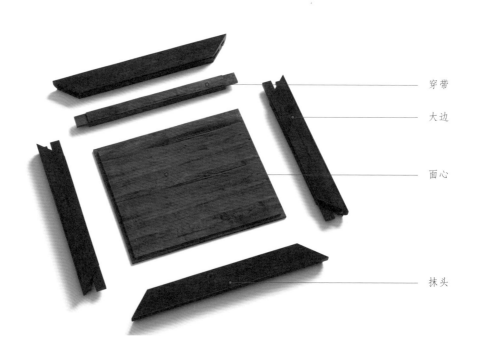

穿带

大边

面心

抹头

几面（几）分解图（图示15）

腿足

腿足（几）分解图（图示 16）

束腰（侧）

束腰（正）

角牙

牙板（几面下）

牙板（屉板下）

束腰和牙子（几）分解图（图示 17）

清代

清式祥瑞扶手椅三件套

材质：黄花梨

年款：清代

外观效果图（图示1）

1. 器形点评

此对扶手椅的搭脑以卷草纹镂空，扶手和靠背相连，靠背板雕有团寿纹、蝙蝠纹、卷草纹等纹样。座面下有束腰，椅腿之间上有券口牙子，下接管脚枨。牙板下又接牙条，其上雕有拐子纹、如意头等纹样。椅腿呈回纹马蹄状，造型优雅，美观实用。

2. CAD 图示

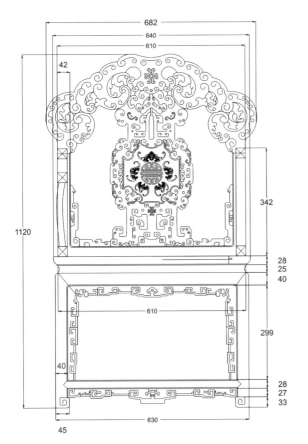

椅－主视图

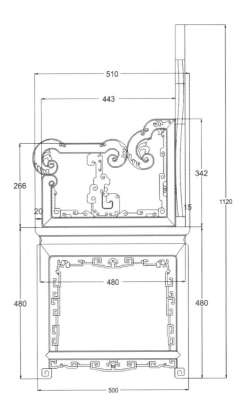

椅－右视图

注：俯视结构简单，故省略俯视图。

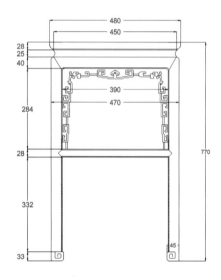

几－主视图

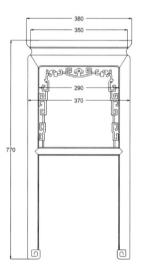

几－右视图

CAD 结构图（图示 4 ~ 5）

注：俯视结构简单，故省略俯视图。

3. 用材效果

外观效果图（材质：黄花梨；图示 6）

清

外观效果图（材质：紫檀；图示 7）

外观效果图（材质：酸枝；图示 8）

4.结构解析

搭脑

靠背板

联帮棍

束腰

券口牙子

管脚枨

座面

洼堂肚牙板

整体结构图（图示9）

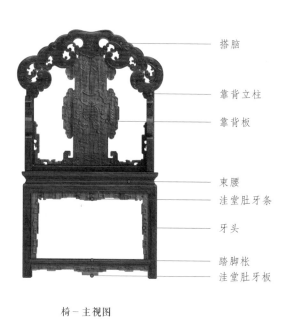

搭脑

靠背立柱

靠背板

束腰

洼堂肚牙条

牙头

踏脚枨

洼堂肚牙板

椅—主视图

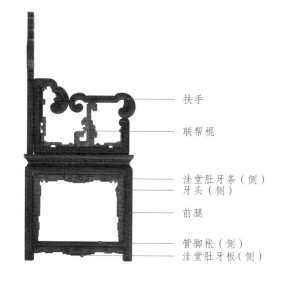

扶手

联帮棍

洼堂肚牙条（侧）

牙头（侧）

前腿

管脚枨（侧）

洼堂肚牙板（侧）

椅—左视图

抹头

面心

大边

椅—俯视图

三视结构图（图示10～12）

几面

券口牙子

屉板

横枨

腿子

整体结构图（图示 13）

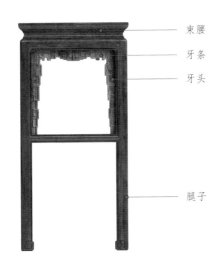

束腰

牙条

牙头

腿子

几－主视图

牙条（侧）

牙头（侧）

横枨

几－左视图

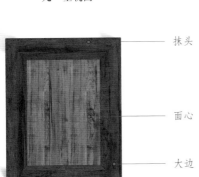

抹头

面心

大边

几－俯视图

清

代

三视结构图（图示 14 ~ 16）

5. 雕刻图版

※ 清式祥瑞扶手椅三件套雕刻技艺图

序号	名称	雕刻技艺图	应用部位
1	如意云纹、拐子纹	 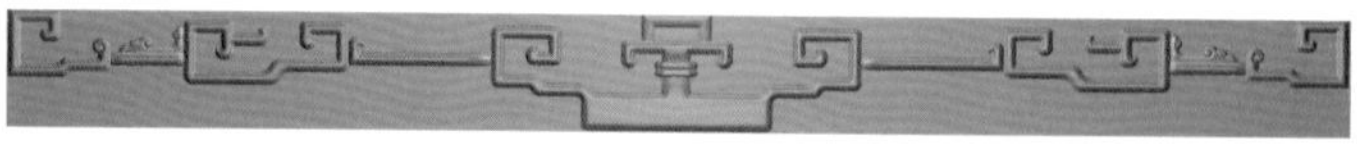	牙条（椅）
2	如意云纹、拐子纹		牙条（几）
3	五福捧寿		靠背板（椅）
4	卷草纹	 	搭脑和扶手（椅）

雕刻技艺图（图示 17～22）

清式西番莲纹扶手椅三件套

材质：黄花梨

丰款：清代

外观效果图（图示1）

1. 器形点评

    此对椅的搭脑呈卷云状，靠背板上雕有西番莲纹。两侧透空，饰以卷草纹圈口。扶手分成两段，中间掏空，四周饰以卷草纹圈口。此椅座面面心平镶，边抹为冰盘沿，下有束腰。壶门牙板中心雕有卷草纹，牙板与腿相交处亦雕刻卷草纹轮廓。四腿为方材，直下落地，足端安管脚枨，枨下又安牙板。整器装饰优美、雕工细腻、纹饰繁缛、贵气逼人。两椅中有一张同制的方几。

清

2. CAD 图示

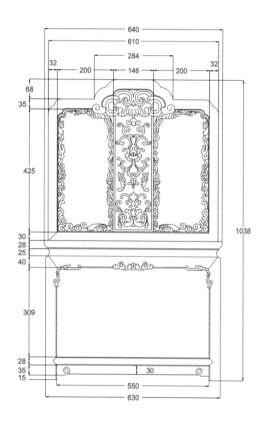

椅－主视图

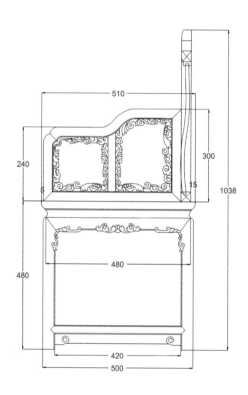

椅－右视图

CAD 结构图（图示 2 ~ 3）

注：俯视结构简单，故省略俯视图。

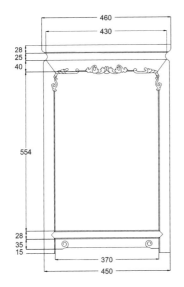

几 – 主视图

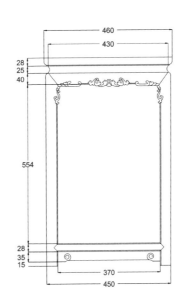

几 – 右视图

注：俯视结构简单，故省略俯视图。

3. 用材效果

外观效果图（材质：黄花梨；图示 6）

外观效果图（材质：紫檀；图示 7）

外观效果图（材质：酸枝；图示 8）

4. 结构解析

搭脑
圈口牙子
扶手
靠背板
座面
联帮棍
束腰
壸门牙板
直牙板
管脚枨

整体结构图（图示 9）

清

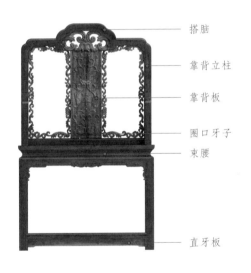

搭脑
靠背立柱
靠背板
圈口牙子
束腰
直牙板

椅－主视图

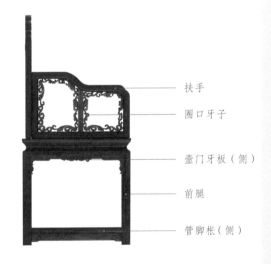

扶手
圈口牙子
壸门牙板（侧）
前腿
管脚枨（侧）

椅－左视图

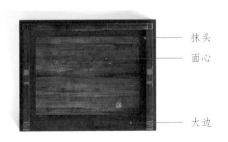

抹头
面心
大边

椅－俯视图

三视结构图（图示 10 ～ 12）

几面
束腰
壶门牙板

腿子

管脚枨
直牙板

整体结构图（图示 13）

束腰
壶门牙板

腿子

直牙板

几－主视图

壶门牙板（侧）

管脚枨（侧）

几－左视图

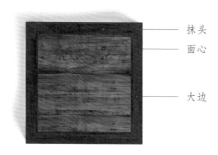

抹头
面心

大边

几－俯视图

三视结构图（图示 14 ~ 16）

5. 雕刻图版

※ 清式西番莲纹扶手椅三件套雕刻技艺图

序号	名称	雕刻技艺图	应用部位
1	卷草纹		扶手圈口牙子（椅）
2	西番莲卷草纹	 	靠背（椅）
3	西番莲卷草纹		壶门牙板（几）
4	西番莲卷草纹		壶门牙板与腿足相交处（几）

雕刻技艺图（图示 17 ~ 23）

清式蝠螭纹扶手椅三件套

材质：黄花梨

年款：清代

外观效果图（图示1）

1. 器形点评

此对椅的搭脑雕刻波纹，轮廓向下弯曲，弧度优美。靠背板采用铲地浮雕手法，分别雕刻蝠蝠纹、拐子纹、灵芝纹，寓意吉祥。靠背立柱和扶手相连，扶手以回纹镂空，线条波折，雕工精美。座面下有束腰，椅腿与牙板45度格角相交，椅腿间又安透雕回纹花牙子。足端安有管脚枨，前后管脚枨下又安洼堂肚牙板。整器端庄大气，意韵深远。两椅间夹有一张同制的方几。

2. CAD 图示

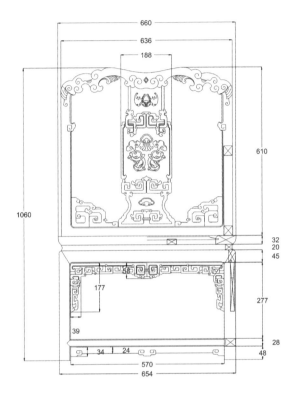

主视图

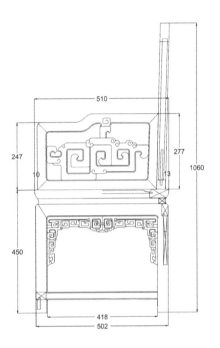

右视图

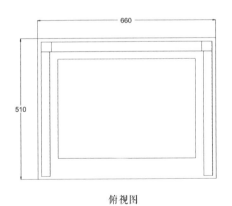

俯视图

CAD 结构图（图示 2 ~ 4）

3. 用材效果

外观效果图（材质：黄花梨；图示 5）

外观效果图（材质：紫檀；图示 6）

外观效果图（材质：酸枝；图示 7）

4.结构解析

搭脑
靠背板
扶手
座面
束腰
花牙子
花牙子（侧）
踏脚枨
管脚枨
洼堂肚牙板

整体结构图（图示 8）

清
代

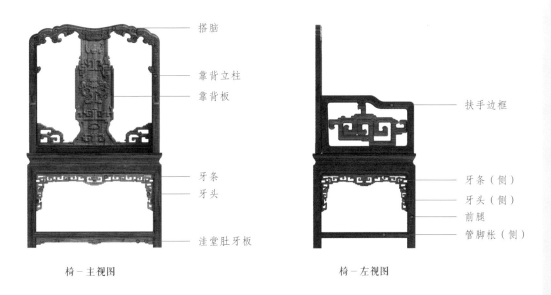

搭脑
靠背立柱
靠背板
牙条
牙头
洼堂肚牙板

椅－主视图

扶手边框
牙条（侧）
牙头（侧）
前腿
管脚枨（侧）

椅－左视图

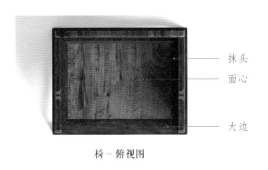

抹头
面心
大边

椅－俯视图

三视结构图（图示 9 ~ 11）

几面
束腰
花牙子

腿子

洼堂肚牙板

整体结构图（图示12）

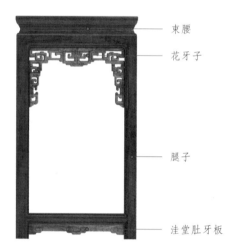

束腰
花牙子

腿子

洼堂肚牙板

几－主视图

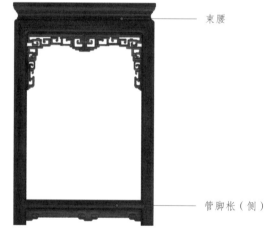

束腰

管脚枨（侧）

几－左视图

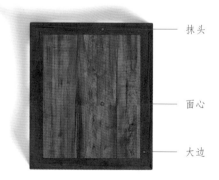

抹头

面心

大边

几－俯视图

三视结构图（图示13～15）

5. 雕刻图版

※ 清式蝠螭纹扶手椅三件套雕刻技艺图

序号	名称	雕刻技艺图	应用部位
1	卷草纹	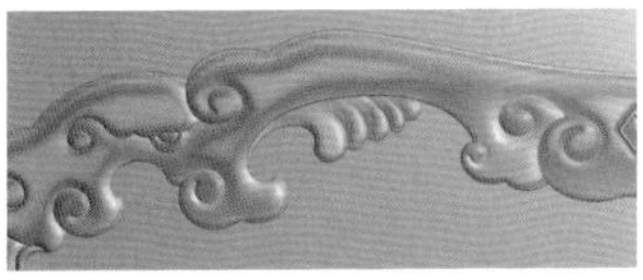	搭脑（椅）
2	蝙蝠灵芝纹		靠背板（椅）
3	回纹拐子		角牙（椅）

雕刻技艺图（图示 16 ～ 18）

清

清式三屏式太师椅

材质：黄花梨

年款：清代

外观效果图（图示1）

1. 器形点评

此椅椅围为三屏式，通体采用黄花梨制作而成。搭脑正中后卷，为卷书式。靠背及扶手均为直角活榫接合，可以拆装。高束腰，下有托腮。牙板正中垂洼堂肚，雕刻回纹。腿间安有四面平管脚枨，足端内翻。此椅实物原型在北京故宫博物院，属于清宫旧藏。

2. CAD 图示

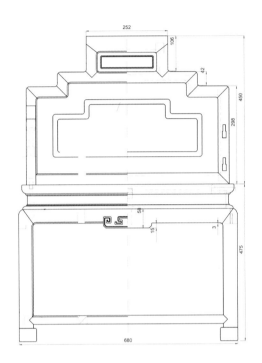

主视图

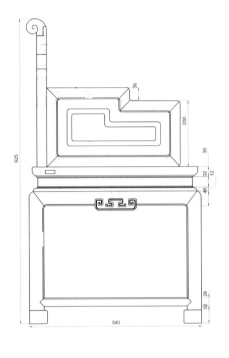

左视图

清

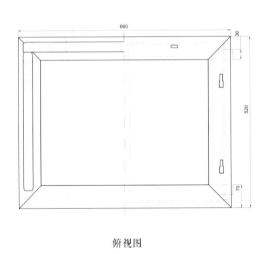

俯视图

CAD 结构图（图示 2 ~ 4）

3. 用材效果

外观效果图（材质：黄花梨；图示 5）

外观效果图（材质：紫檀；图示 6）

外观效果图（材质：酸枝；图示 7）

4. 结构解析

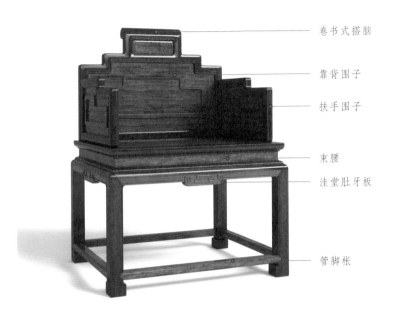

卷书式搭脑

靠背围子

扶手围子

束腰

洼堂肚牙板

管脚枨

整体结构图（图示 8）

清

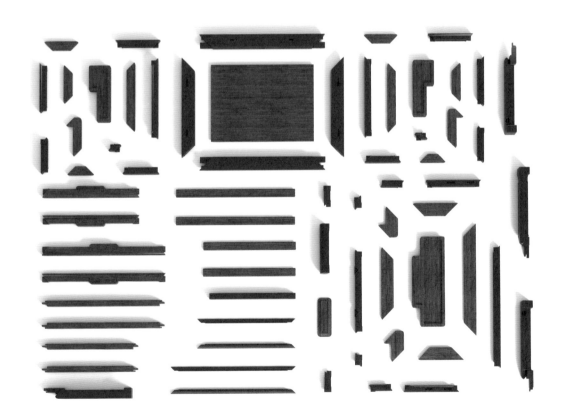

部件结构图（图示 9）

5. 部件详解

搭脑
靠背边框（侧）
靠背镶板（上）

靠背镶板（下）

靠背嵌板

靠背边框（下）

靠背围子分解图（图示10）

面心

大边

抹头

穿带

座面分解图（图示11）

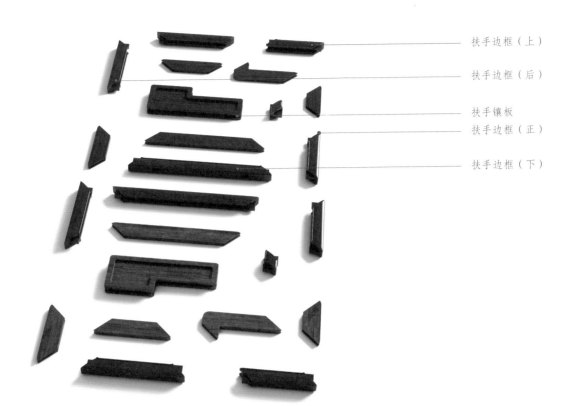

扶手边框（上）
扶手边框（后）
扶手镶板
扶手边框（正）
扶手边框（下）

清

扶手分解图（图示 12）

束腰
束腰（侧）

管脚枨（侧）
托腮（侧）
托腮
牙板
牙板（侧）

腿足

腿足和其他分解图（图示 13）

清式卷书式搭脑太师椅

材质：黄花梨

丰款：清代

外观效果图（图示1）

1. 器形点评

　　此椅搭脑为卷书式，靠背板上雕蝙蝠、磬及双鱼图案，寓意"福庆有余"。扶手由弧形弯材制作，中间有类似联帮棍的一根立材将扶手围子分成两段，分别镶卷云纹轮廓的圈口牙子。座面下有束腰，下接鼓腿彭牙，牙板正中垂洼堂肚，并且饰有回纹。四腿中部起云纹翅，内翻马蹄足。此椅实物原型在北京故宫博物院，属于清宫旧藏。

2. CAD 图示

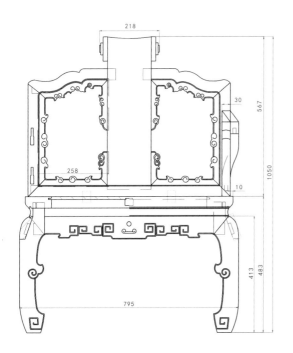

主视图

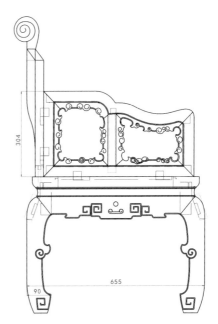

左视图

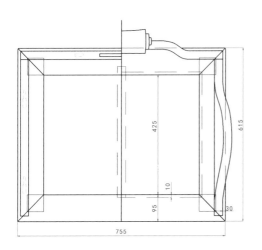

俯视图

清

CAD 结构图（图示 2 ~ 4）

3. 用材效果

外观效果图（材质：黄花梨；图示 5）

外观效果图（材质：紫檀；图示 6）

外观效果图（材质：酸枝；图示 7）

4. 结构解析

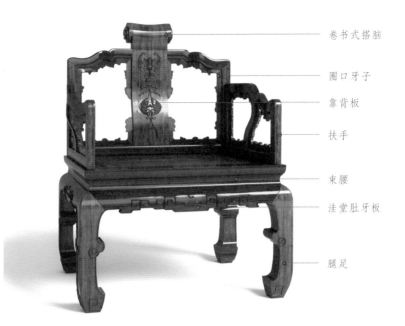

卷书式搭脑

圈口牙子

靠背板

扶手

束腰

洼堂肚牙板

腿足

整体结构图（图示 8）

清

部件结构图（图示 9）

5. 部件详解

大成若缺

背板圈口

靠背板

靠背边框（下）

靠背边框（侧）

靠背围子分解图（图示10）

扶手边框（下）

扶手边框（上）

靠背边框（上）

扶手边框（后）

扶手边框（正）

扶手圈口牙子

联帮棍

扶手围子分解图（图示11）

抹头

面心

大边

穿带

座面分解图（图示 12）

清

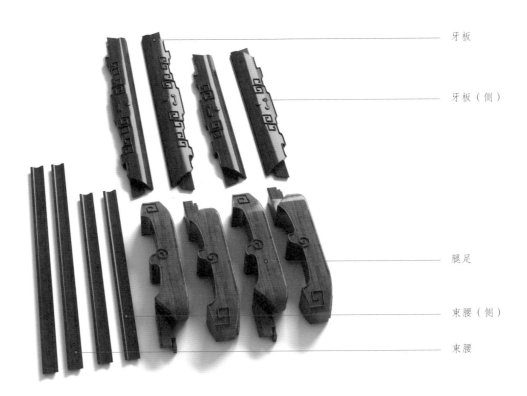

牙板

牙板（侧）

腿足

束腰（侧）

束腰

腿足和其他分解图（图示 13）

大成若缺

清式夔凤纹太师椅

材质：黄花梨

丰款：清代

外观效果图（图示1）

1. 器形点评

　　此椅搭脑为卷书式。靠背板分三段攒成，上段镶嵌绦环板（其上夔凤纹略去），中段开委角长方形透孔，下段锼出勾云形亮脚。靠背板与边框之间以拐子纹攒成。两侧扶手与靠背以活榫相接，亦攒拐子纹。座面平镶硬板，面下有束腰。腿间安四面平管脚枨，内翻马蹄足。此椅实物原型在北京故宫博物院，属于清宫旧藏。

2. CAD 图示

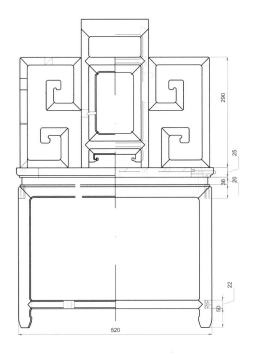

主视图

左视图

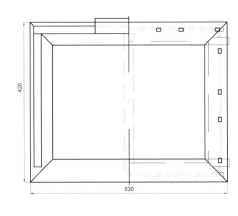

俯视图

3. 用材效果

外观效果图（材质：黄花梨；图示 5）

外观效果图（材质：紫檀；图示 6）

外观效果图（材质：酸枝；图示 7）

4. 结构解析

卷书式搭脑
靠背镶板
背板边框

扶手
亮脚
束腰

腿足

管脚枨

整体结构图（图示 8）

清

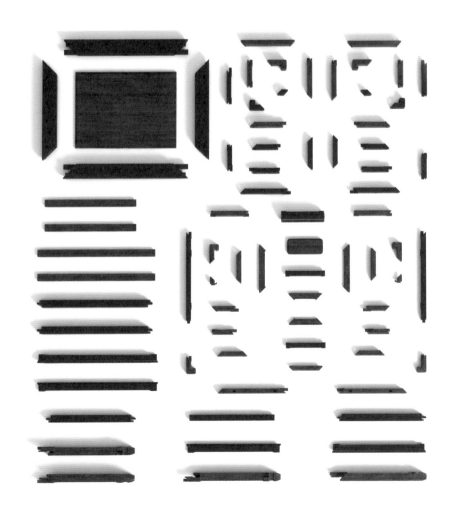

部件结构图（图示 9）

大成若缺

靠背板边框

靠背立柱

靠背镶板

搭脑

圈口牙子

靠背围子分解图（图示 10）

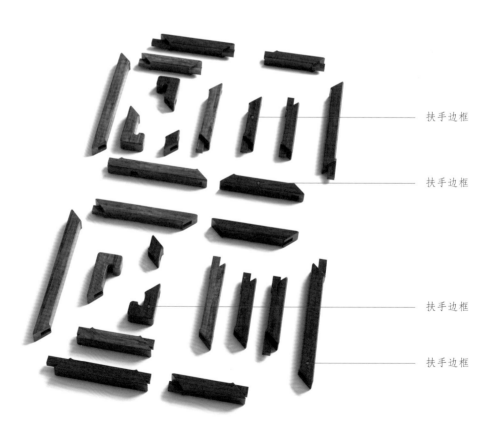

扶手边框

扶手边框

扶手边框

扶手边框

扶手围子分解图（图示 11）

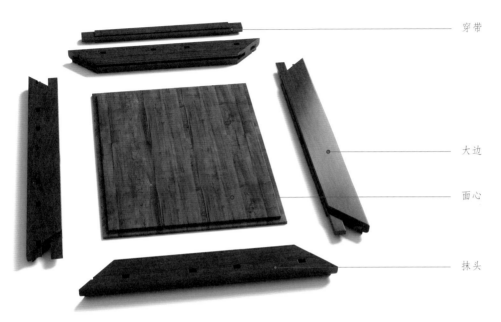

穿带

大边

面心

抹头

清

座面分解图（图示 12）

管脚枨

束腰

束腰（侧）

管脚枨（侧）

牙板

牙板（侧）

腿足

腿足和其他分解图（图示 13）

清式四出头官帽椅三件套

材质：黄花梨

丰款：清代

外观效果图（图示1）

1. 器形点评

此对椅搭脑和扶手皆出头，搭脑呈罗锅枨状。靠背板和扶手均呈三弯"S"形。靠背板分三段攒框装板，上段开圆形透光，中间镶素板，下段有亮脚。腿之间装有牙板，牙板光素。椅腿下方有步步高赶枨，正侧赶枨下亦有牙板。整器全无雕饰，造型别致，形态优美。两椅之间还夹有一张同制的方几。此椅实物原型在北京故宫博物院，属于清宫旧藏。

2. CAD 图示

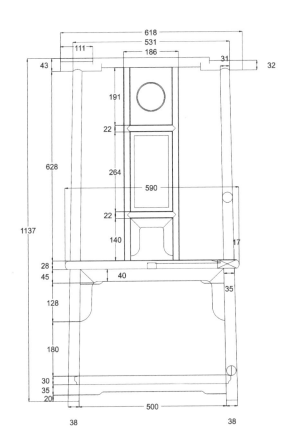

椅—主视图

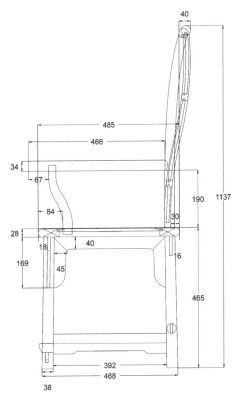

椅—右视图

清

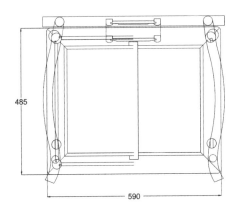

椅—俯视图

CAD 结构图（图示 2 ~ 4）

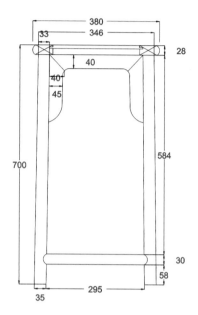

几－主视图

几－左视图

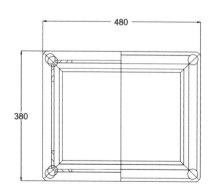

几－俯视图

CAD 结构图（图示 5 ~ 7）

3. 用材效果

外观效果图（材质：黄花梨；图示 8）

清

外观效果图（材质：紫檀；图示 9）

外观效果图（材质：酸枝；图示 10）

4.结构解析

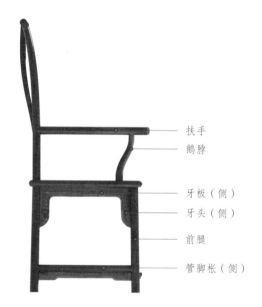

搭脑
靠背镶板

扶手

亮脚
鹅脖
牙板

座面

牙头

步步高赶枨

直牙板

整体结构图（图示11）

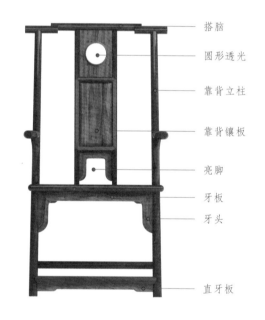

搭脑

圆形透光

靠背立柱

靠背镶板

亮脚

牙板
牙头

直牙板

椅－主视图

扶手
鹅脖

牙板（侧）
牙头（侧）

前腿

管脚枨（侧）

椅－左视图

面心

抹头

大边

椅－俯视图

三视结构图（图示12 ~ 14）

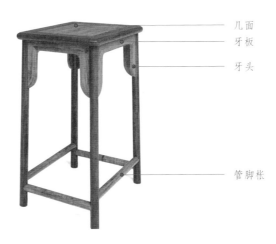

几面
牙板
牙头

管脚枨

整体结构图（图示15）

清

牙板
牙头

腿子

管脚枨

几－主视图

牙板（侧）

牙头（侧）

管脚枨（侧）

几－左视图

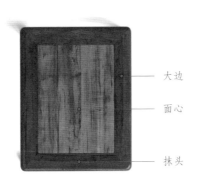

大边

面心

抹头

几－俯视图

三视结构图（图示16～18）

清式如意拐子纹南官帽椅三件套

材质：黄花梨

年款：清代

外观效果图（图示 1）

1. 器形点评

　　此椅造型方正，搭脑中段微微凸出，靠背板上段和下段雕刻有变体的如意纹，下方以攒拐子纹和座面相连。扶手连接靠背框架，下方有联帮棍支撑，联帮棍下端装饰以拐子纹。椅腿间装有罗锅枨加矮老，罗锅枨中间亦以拐子纹装饰。椅腿下方有管脚枨，正侧管脚枨下亦有罗锅枨。两椅间夹有一张同制的方几。

2. CAD 图示

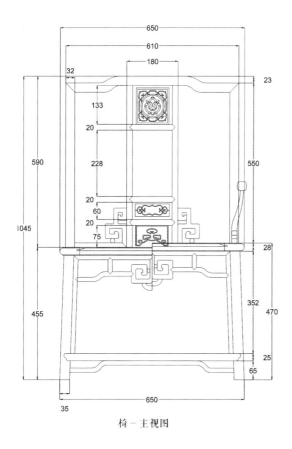

椅—主视图

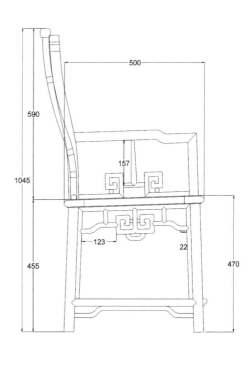

椅—左视图

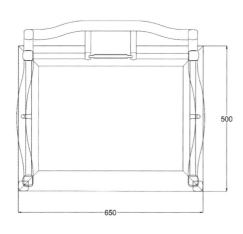

椅—俯视图

清
代

CAD 结构图（图示 2 ~ 4）

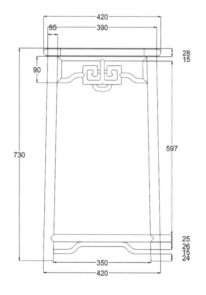

几－主视图

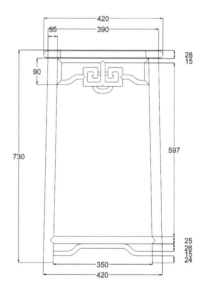

几－左视图

CAD 结构图（图示 5 ～ 6）

注：俯视结构简单，故省略俯视图。

3. 用材效果

外观效果图（材质：黄花梨；图示 7）

外观效果图（材质：紫檀；图示 8）

外观效果图（材质：酸枝；图示 9）

清代

4. 结构解析

搭脑

靠背板

扶手
鹅脖

靠背立柱

罗锅枨

矮老

管脚枨

罗锅枨

整体结构图（图示 10）

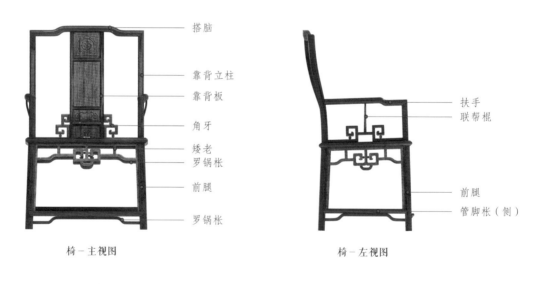

搭脑

靠背立柱
靠背板
角牙
矮老
罗锅枨
前腿
罗锅枨

扶手
联帮棍

前腿
管脚枨（侧）

椅－主视图

椅－左视图

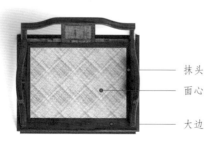

抹头
面心

大边

椅－俯视图

三视结构图（图示 11 ～ 13）

几面

透雕花牙子

管脚枨

罗锅枨

整体结构图（图示 14）

前腿

管脚枨

几—主视图

卡子花（侧）

罗锅枨（侧）

几—左视图

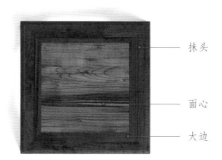

抹头

面心

大边

几—俯视图

三视结构图（图示 15 ~ 17）

5. 雕刻图版

※ 清式如意拐子纹南官帽椅三件套雕刻技艺图

序号	名称	雕刻技艺图	应用部位
1	螭龙纹、 如意纹		靠背镶板 第一段 （椅）
2	如意纹	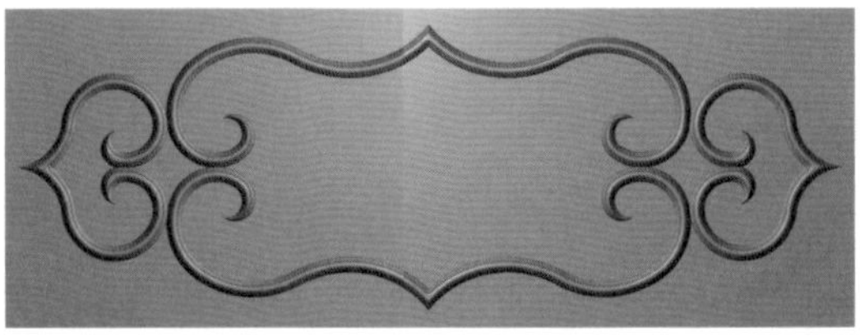	靠背镶板 第三段 （椅）
3	如意纹、 拐子纹		靠背镶板 第四段 （椅）

雕刻技艺图（图示 18 ~ 20）

清式皇宫圈椅

材质：黄花梨

年款：清代

外观效果图（图示1）

1. 器形点评

　　此椅椅圈五接，圆润委婉。前后腿足均为一木连做，穿过座面，形成靠背立柱和扶手下的鹅脖。靠背板攒框装板而成，上部雕镂空花纹开光，是卷草纹的变体；中间镶木板，任其光素；下部锼云纹亮脚。靠背板和圈椅与座面相交处，使用四大块镂空角牙，加强了从正面看的装饰效果。

2. CAD 图示

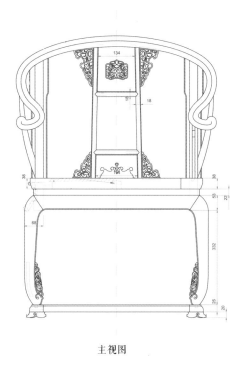

主视图

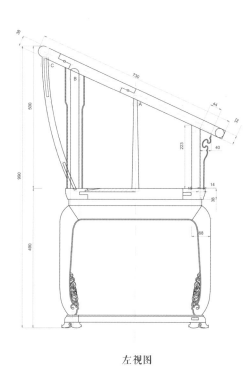

左视图

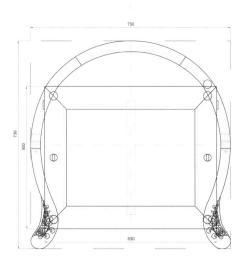

俯视图

CAD 结构图（图示 2 ~ 4）

3. 用材效果

外观效果图（材质：黄花梨；图示 5）

清

外观效果图（材质：紫檀；图示 6）

外观效果图（材质：酸枝；图示 7）

4. 结构解析

角牙

扶手

托角牙子

亮脚

束腰

牙板

角牙

托泥

龟足

靠背板

联帮棍

座面

整体结构图（图示 8）

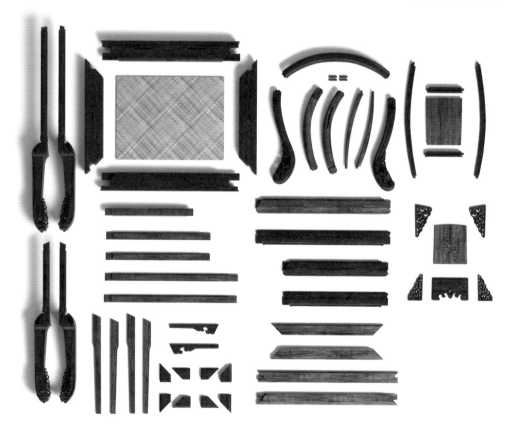

部件结构图（图示 9）

5. 部件详解

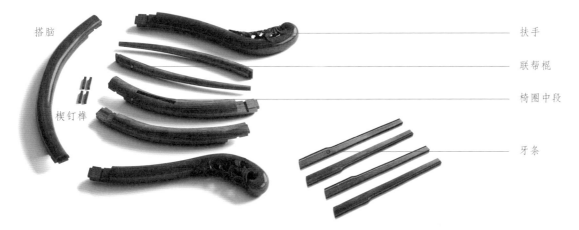

搭脑

扶手

联帮棍

椅圈中段

楔钉榫

牙条

椅圈分解图（图示 10）

托角牙子

角牙（上）

靠背板镶板（上）

靠背板镶板（下）

靠背板镶板（中）

靠背横枨

靠背板边框

角牙（下）

靠背分解图（图示 11）

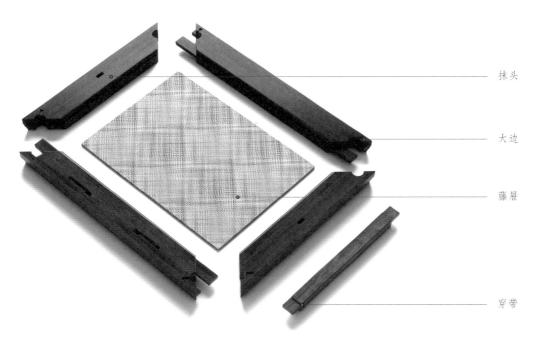

抹头

大边

藤屉

穿带

座面分解图（图示 12）

前腿

后腿

腰足分解图（图示 13）

托泥

牙板

牙板（侧）

龟足

束腰

束腰（侧）

束腰和其他分解图（图示 14）

清式卷书式搭脑圈椅三件套

材质：黄花梨

年款：清代

外观效果图（图示1）

1. 器形点评

此对椅搭脑外延，高于椅圈，呈卷书式。靠背板偏上方雕有如意云头开光和螭龙纹，下方开有壶门曲线亮脚，一实一虚，相互映衬，雕工精细，素雅大方。扶手和靠背板相连，椅圈一顺而下，弧度优美自然，中间有联帮棍和座面相连，以增强支撑力。椅腿之间安有雕刻卷草纹的券口牙子，曲线波折婉转。足间有步步高赶枨，踏脚枨和侧管脚枨之下有牙板，牙板光素。整器形态优美，线条流畅，简单质朴。两椅之间夹一张素牙板方几。

2. CAD 图示

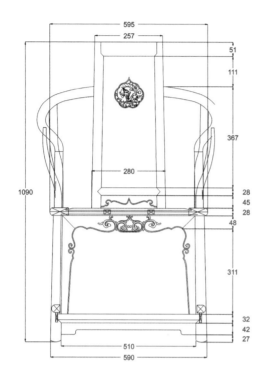

主视图

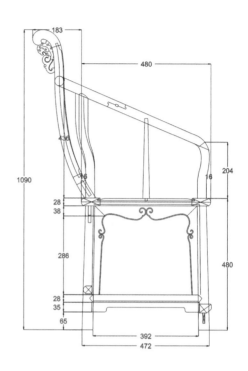

左视图

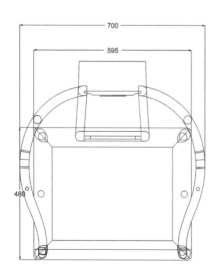

俯视图

CAD 结构图（图示 2 ~ 4）

3. 用材效果

外观效果图（材质：黄花梨；图示 5）

清

外观效果图（材质：紫檀；图示 6）

外观效果图（材质：酸枝；图示 7）

4. 结构解析

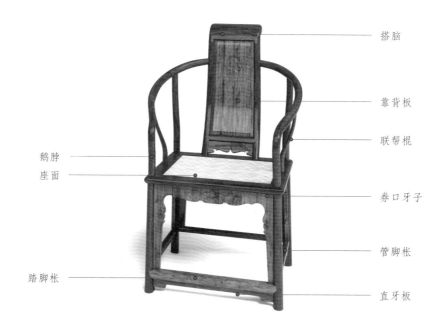

搭脑
靠背板
联帮棍
鹅脖
座面
券口牙子
管脚枨
踏脚枨
直牙板

整体结构图（图示 8）

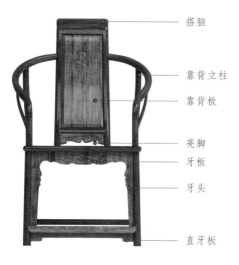

搭脑
靠背立柱
靠背板
亮脚
牙板
牙头
直牙板

椅－主视图

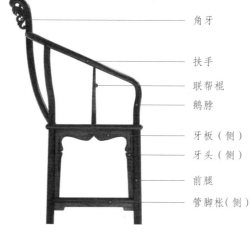

角牙
扶手
联帮棍
鹅脖
牙板（侧）
牙头（侧）
前腿
管脚枨（侧）

椅－左视图

椅圈
面心
抹头
大边

椅－俯视图

三视结构图（图示 9 ~ 11）

大成若缺

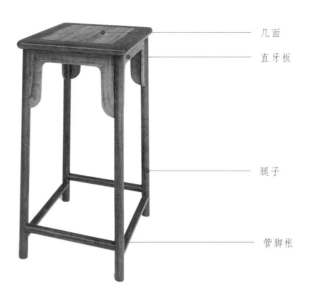

几面
直牙板
腿子
管脚枨

整体结构图（图示12）

清

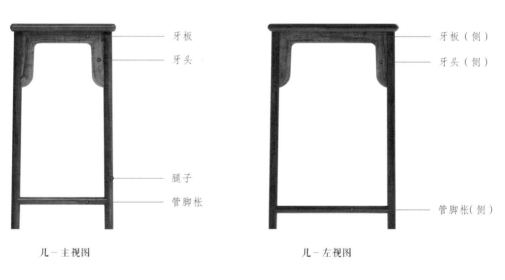

牙板
牙头
腿子
管脚枨

几－主视图

牙板（侧）
牙头（侧）
管脚枨（侧）

几－左视图

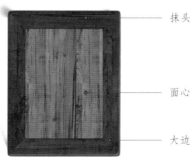

抹头
面心
大边

几－俯视图

三视结构图（图示13～15）

5. 雕刻图版

※ 清式卷书式搭脑圈椅三件套雕刻技艺图

序号	名称	雕刻技艺图	应用部位
1	子母螭龙纹		靠背板上段（椅）
2	卷草纹		券口牙子（椅）
3	壶门曲线	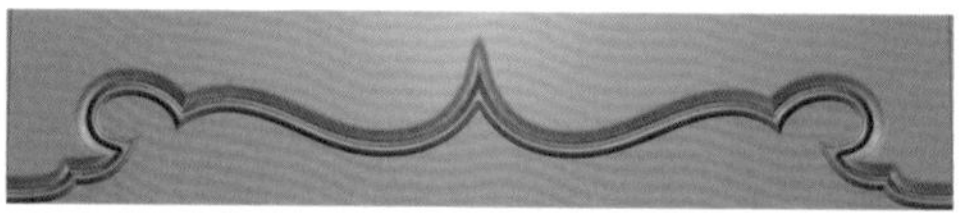	靠背亮脚（椅）
4	螭龙纹		搭脑后端的角牙（椅）

雕刻技艺图（图示 16 ~ 20）

清式竹节纹圈椅三件套

材质：黄花梨

丰款：清代

外观效果图（图示1）

1. 器形点评

    此对圈椅线条舒展流畅，造型素雅大方。椅圈、腿足、联帮棍、靠背板边框等构件均雕竹节纹，别有一番古朴自然之美。椅圈五接，扶手向外延伸出头；靠背板三弯，设计更符合人体工程学原理。靠背板满雕竹席底纹，上段有如意云头开光，其中浮雕螭龙纹。前足间壶门券口牙板上雕卷草纹。整器做工细腻，生动灵巧，精致独到。两椅间夹有一张带抽屉竹节纹方几。

2. CAD 图示

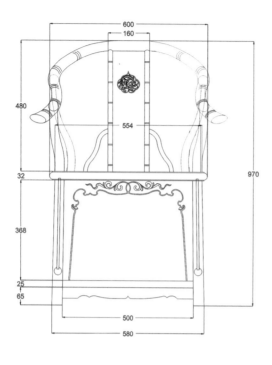

椅—主视图

椅—右视图

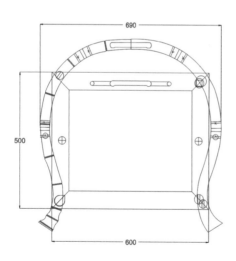

椅—俯视图

CAD 结构图（图示 2～4）

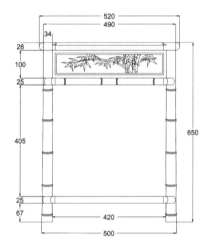

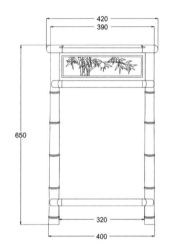

几－主视图   几－左视图

注：俯视结构简单，故省略俯视图。

3. 用材效果

外观效果图（材质：黄花梨；图示 7）

外观效果图（材质：紫檀；图示 8）

外观效果图（材质：酸枝；图示 9）

4. 结构解析

搭脑

靠背板

鹅脖

联帮棍

座面

券口牙子

管脚枨

踏脚枨

壶门牙板

整体结构图（图示 10）

清

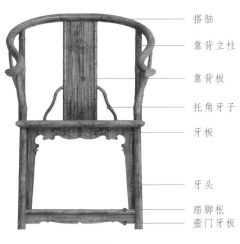

搭脑

靠背立柱

靠背板

托角牙子

牙板

牙头

踏脚枨

壶门牙板

椅－主视图

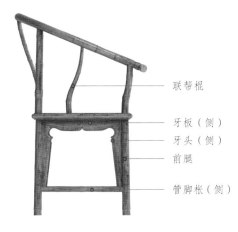

联帮棍

牙板（侧）

牙头（侧）

前腿

管脚枨（侧）

椅－左视图

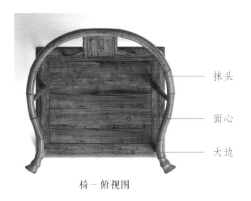

抹头

面心

大边

椅－俯视图

三视结构图（图示 11 ～ 13）

几面

抽屉

管脚枨

整体结构图（图示 14）

抽屉面板

横枨

管脚枨

几－主视图

抽屉侧板

管脚枨（侧）

几－左视图

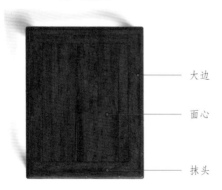

大边

面心

抹头

几－俯视图

三视结构图（图示 15 ~ 17）

5. 雕刻图版

※ 清式竹节纹圈椅三件套雕刻技艺图

序号	名称	雕刻技艺图	应用部位
1	竹席底纹	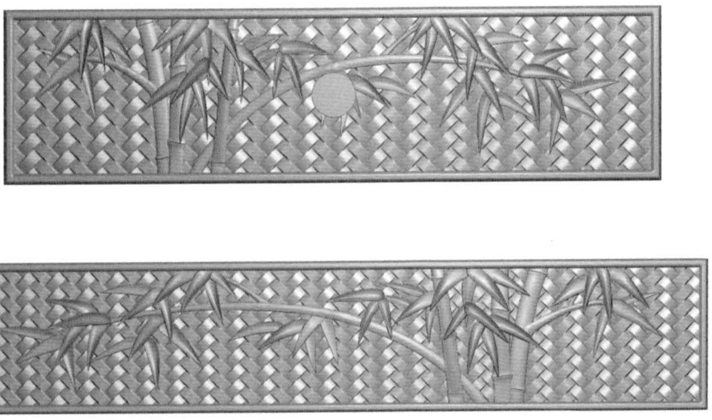	抽屉面板及侧板（几）
2	卷草纹	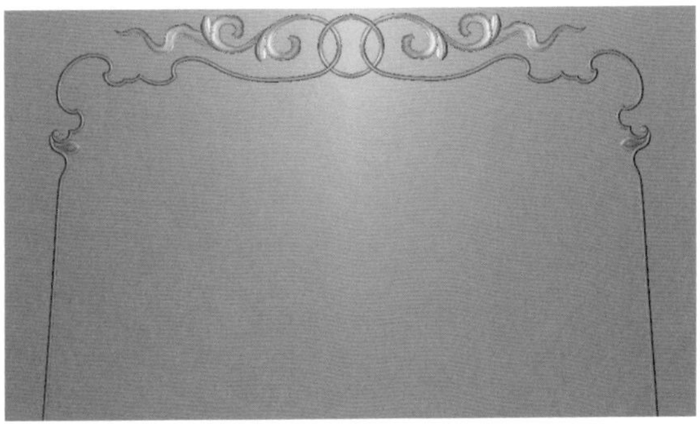	券口牙子（椅）
3	竹席底纹	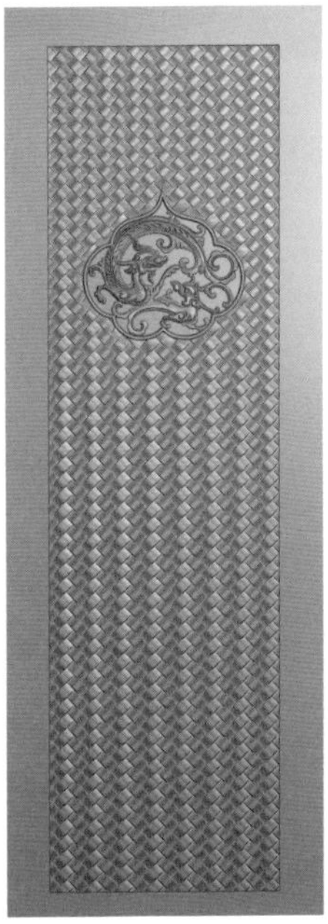	靠背板（椅）

雕刻技艺图（图示 18 ~ 21）

清式云龙纹嵌玉宝座

材质：黄花梨

年款：清代

外观效果图（图示 1）

1. 器形点评

　　此宝座搭脑凸起并有卷形回纹，屏风式座围，座围上嵌玉雕龙纹，形象生动。座面下有束腰，镶嵌炮仗洞造型装饰，腿足弯曲，足外翻落于托泥之上。宝座上端布局多以方正为主调，下部则圆曲，力度饱满内敛，整体气势浓郁沉雄。此宝座用料精良，工艺精严细密，极具欣赏与收藏价值。

2. CAD 图示

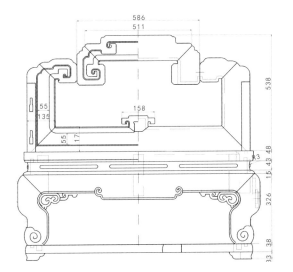

主视图

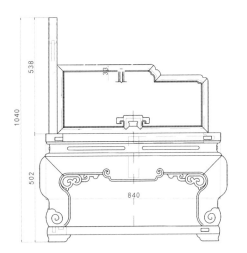

左视图

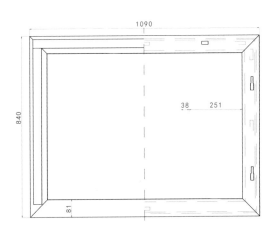

俯视图

CAD 结构图（图示 2 ~ 4）

3. 用材效果

外观效果图（材质：黄花梨；图示 5）

外观效果图（材质：紫檀；图示 6）

外观效果图（材质：酸枝；图示 7）

4. 结构解析

靠背围子

扶手围子

牙板

外翻马蹄足

托泥

清

整体结构图（图示 8）

部件结构图（图示 9）

5. 部件详解

靠背边框（侧）

背板镶板

搭脑

靠背边框（下）

靠背围子分解图（图示10）

穿带

大边

面心

抹头

座面分解图（图示11）

扶手边框（下）
扶手镶板
扶手边框（前）
扶手边框（后）
扶手边框（上）

清

扶手围子（左）分解图（图示 12）

扶手边框（上）

扶手边框（前）
扶手边框（后）
扶手镶板

扶手边框（下）

扶手围子（右）分解图（图示 13）

大成若缺

束腰（侧）

束腰

托腮（侧）

托腮

束腰和托腮分解图（图示14）

龟足

托泥抹头

托泥大边

托泥分解图（图示15）

牙板

牙板（侧）

挂榫

腿子

角牙

牙子和腿足分解图（图示16）

附录：图版索引

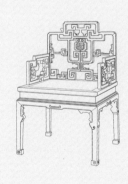 

图版索引

图版索引

图版索引

图版

图版索引